0-3岁婴儿的认知与情感世界

马丽枝◎著

婴儿的感知觉、注意、记忆、思维、科学探究、语言、情绪、依恋和社会认知

九州出版社
JIUZHOUPRESS

图书在版编目（CIP）数据

0－3岁婴儿的认知与情感世界／马丽枝著 . －－北京：
九州出版社，2018.10
ISBN 978－7－5108－7588－5

Ⅰ.①0… Ⅱ.①马… Ⅲ.①婴儿—认知—研究②婴
儿—情感—研究 Ⅳ.①B844.11

中国版本图书馆 CIP 数据核字（2018）第 250802 号

0－3岁婴儿的认知与情感世界

作　　者　马丽枝　著
出版发行　九州出版社
地　　址　北京市西城区阜外大街甲 35 号（100037）
发行电话　（010）68992190/3/5/6
网　　址　www. jiuzhoupress. com
电子信箱　jiuzhou@ jiuzhoupress. com
印　　刷　三河市华东印刷有限公司
开　　本　710 毫米×1000 毫米　16 开
印　　张　11
字　　数　125 千字
版　　次　2019 年 1 月第 1 版
印　　次　2019 年 1 月第 1 次印刷
书　　号　ISBN 978－7－5108－7588－5
定　　价　45.00 元

目　录
CONTENTS

第1章

婴儿的感知觉

一、婴儿感知觉的研究方法

日常生活中，人们对于人的成长阶段似乎都有一个大致的了解，比如可以说出像婴儿、幼儿、儿童、青少年、青年、老年等一些专业术语，但对于每个成长阶段的具体起止年龄，以及划分依据，可能很少有人说得清楚，即便是专业的人士对此问题也不敢确切地给以界定，这反映出人的成长是一个复杂的过程，对于成长阶段的划分更是一个复杂的问题。尽管人们对此问题说不清楚，但却不影响人们对于人成长阶段的关心和谈论的热情。

在人成长的各阶段中，人们关心和谈论比较多的也许就是婴儿期了，因为婴儿阶段是人生命全程发展的最初时期。对于初为父母的年轻人来说，带着几多期许和好奇迎接一个新生命的到来，面对这样一个鲜活的生命个体，有太多的未知需要他们去探索，有太多的问题需要他们去面对，在这种探索和面对过程中，新的表现和问题会层出不穷，很多时候会使他们变得茫然和不知所措。这反映出婴儿阶段的生命个体虽然看似简单，实际上却复杂多变，有很多未知需要我们去探究和应对。

　　关于婴儿阶段的年龄划分问题，普通大众根本说不清楚，在他们的认知中也不会用具体年龄去划分，而是采用其他的说法来加以界定，比如刚出生的就是婴儿、还在吃奶的就是婴儿、不会走的就是婴儿、不会说话的就是婴儿等等。实际上，专门研究个体发展的研究者们对此问题也有不同的看法，只不过随着研究的深入，研究者对于个体发展的内容和规律性把握得越来越清晰，逐步由最初的分歧开始走向融合，但对于婴儿期年龄阶段的划分仍然采用一种可以伸缩的年龄加以界定，大体上可以界定为 0 至 2-3 岁。如果不是从严格学术研究的层面加以界定，而只是从日常生活的角度来加以界定，可以简单地把婴儿期的起止年龄界定为 0-3 岁，在这一范围内又可以进一步具体划分为新生儿期（出生第一个月）、乳儿期（出生第一年）、婴儿期（1-3 岁）。

　　对于婴儿，人们可能很简单地认为此时的生命个体就是处在一个什么都不懂，什么都不会的时期，因此什么事情都需要别人提供帮助和照料。不仅普通大众这样认为，就是专门从事个体发展研究的专业研究者们最初也有"婴儿无能"的假设。这种假设源于以下几个方面的原因：首先是经验主义的产物，因为婴儿期是人生发展的起点，而发展是一个漫长的过程，需要日积月累的经验积累，对于刚出生的婴儿第一次和外界环境接触，还谈不上什么经验的积累，因此其必然是无能的；其次是错误的推论，因为婴儿在运动技能上表现比较差，很长时间内不能自主活动，因此人们就简单地推论婴儿在其他方面也同样是很低能的甚至是无能的；再次是不正确的对比，因为人们在日常生活中通过观察发现，幼儿在很多事情上的表现是很差的，因此相比于幼儿，年龄更小的婴儿在各方面应该是更差的，近乎无能。关于"婴儿无能"的假设并不是真的表明婴儿无能，而是在一定程度上反映出研究者的无能，因为研究者不能找到一种研究婴儿各方面发展，尤其是认知发展的有效方法，从而揭示婴儿发展的内在实质，致使"婴儿无能"的假设得以长时间存在，使人们信以为真，也在一定程度上帮助研究者回避掉因为不知道如何走进婴儿的发展世界而产生的尴尬。可见，找到一种有效打开婴儿各方面发展世界的方法是多么的重要，伴随着研究者对婴儿发展研究的逐步深入，积累的知识与经验越来越多，研究者逐渐找到了有效破解婴儿神秘发展世界的钥匙，那就是"婴儿的注视偏好"和"习惯化和去习惯化"研究方法。

注视偏好。 "注视偏好"方法是美国发展心理学家范兹（R. L. Fantz）首创，用来研究婴儿的知觉发展。这种方法主要是利用婴儿的注视行为作为检测指标，通过观察婴儿对不同刺激物的注视时间来揭示婴儿的知觉发展。对于婴儿知觉发展研究的困难就在于，婴儿不会说话，不能用语言来报告自己的知觉活动，因此如何利用婴儿的非言语活动就非常重要了。婴儿虽然不会说话，但会用眼睛去看周围的世界，那么婴儿眼中的世界是如何的？是否所有的物体在婴儿看来都是一样的？这引起了研究者的兴趣，通过观察研究发现，婴儿的眼中世界并非一模一样，而是有区别的，这为研究者探究婴儿的知觉世界提供了一条线索，即利用婴儿的注视行为来探讨婴儿对于刺激物的知觉反应。采用"注视偏好"方法进行研究时，就是同时给婴儿呈现两个视觉刺激物，观察婴儿对刺激物的视觉反应，记录他们对每个刺激物的注视时间，如果发现他们对不同刺激物的注视时间不同，表现为对一个刺激物的注视时间明显长于或短于另一个刺激物，就表明他们存在视觉偏好，即注视时间更长的刺激物可能是他们更喜欢的。研究者通过变换不同刺激物来进行实验，发现婴儿确实存在注视偏好行为，这表明婴儿的知觉系统可以区分不同的刺激物，并反映出婴儿在环境中更倾向于注意哪些刺激物，这种知觉上的区分和注意上的选择，都表明婴儿的知觉和注意都在积极主动地发挥作用，而不是完全任由环境刺激来决定婴儿活动的无能表现。大量研究表明，相比于简单的刺激物，婴儿更喜欢注视复杂的刺激物；相比于非对称的刺激物，婴儿更喜欢注视对称的刺激物。他们尤其喜欢注视靶心图和人脸，由于婴儿有这样的注视偏好，后来人们总结出一个有意思的结论，那就是一个人长得漂亮还是不漂亮，也许婴儿最有发言权，因为他们对你面孔的注视时间已经给出了答案。

　　习惯化和去习惯化。"习惯化和去习惯化"方法是研究者用来研究婴儿知觉发展的另外一种范式，这种方法是利用婴儿的吮吸行为作为检测指标，通过观察婴儿在不同刺激物作用下其吮吸频率的变化来揭示婴儿的知觉发展。采用这种方法开始研究之前，先给婴儿一个橡皮奶头让其吮吸，并记录下其吮吸频率，并把这个吮吸频率作为婴儿的吮吸基线频率。然后给婴儿一个刺激，比如声音，以引起婴儿的定向反射，在这种定向反射的作用下，婴儿的吮吸行为可能会停止或是吮吸频率下降，这表明这一声音刺激被婴儿知觉到并影响到了吮吸行为，伴随着同一声音的多次呈现，婴儿的吮吸行为不再受到影响，即表现为吮吸频率又恢复到原来的基线频率，此时就表明婴儿已经习惯了这一声音刺激，不再对其感兴趣，由此所引起的定向反射逐渐减少并最终消失不再起作用，这就被称为习惯化。在婴儿习惯了先前的声音刺激后，这时开始以另外一种声音作为刺激，如果又使婴儿产生新的定向反射行为，并影响到其吮吸行为的变化，这表明婴儿知觉到了新的声音刺激不同于先前的声音刺激，并对其产生了新的兴趣，这就是去习惯化。习惯化和去习惯化方法可以明确地揭示出婴儿对于刺激物的区分，表明其知觉辨别能力的存在和发展。习惯化和去习惯化研究方法，不仅可以帮助我们去了解婴儿的感知觉发展问题，还可以给我们对于儿童的教育以启示，那就是一种教育方法或是手段，如果总是重复使用，就会使儿童产生习惯化，习惯化的后果就是这种方法不再有效，甚至会产生更坏的结果。因为儿童对于习惯化的刺激，无非会有这样几种应对选择，一是消极适应，二是被迫逃离，三是消灭刺激源，无论是哪一种选择都不是我们想要的结果。

注视偏好方法与习惯化和去习惯化方法帮助人们对于婴儿的感知觉能力有了比较清晰的认识，使人们走出了"婴儿无能"的虚假假设，引导人们对于婴儿的感知觉发展问题展开进一步的研究。

二、婴儿的基本感知觉

感觉在心理学上的定义是：感觉是人脑对直接作用于感觉器官的客观事物的个别属性的反映。从定义中可以知道，感觉是对客观事物个别属性的反应，这些个别属性包括很多，例如物体的形状、大小、颜色、气味、软硬、冷暖、重量、声音等都可以成为感觉的刺激，当它们分别作用于人的不同感觉器官就产生了像视觉、听觉、味觉、嗅觉、触觉等各种各样的感觉。人的心理是从感觉开始的，无论是动物的心理还是人的心理，感觉都是最初级的心理活动。通过感觉使人同外界环境相接触，并把事物的各种属性反映到人脑当中，使大脑获得了心理活动的最初加工材料，正是通过对这些材料的加工，才使人脑的机能得以发挥，才使人的心理活动得以实现。人类的几种基本感觉包括视觉、听觉、触觉、味觉、嗅觉在内在婴儿期都有充分的表现并发挥作用，并在此基础上促发了诸如物体知觉、深度知觉等高级知觉的产生。

婴儿的视觉。视觉是人类最重要的感觉，研究者认为人类从外界获取的信息大约有80%是通过视觉来完成的，可见视觉在人的生存和发展中的重要。婴儿自出生之后，第一次睁开眼睛就对光有反应，并在光刺激的作用下促使视觉不断得到发展。婴儿眼中的世界是什么样的？是否和成人的眼中世界相同？这一直以来都是困扰研究者的难题之一，因为婴儿不能用言语来表达自己的感觉，因此我们很难知道婴儿是否能够看到物体的形状、大小、颜色、方位、距离以及深度等。随着注视偏好与习惯化和去习惯化研究范式的广泛应用，人们对婴儿的眼中世界有了比较清晰的认识，现在已经明确得以确认的事实是婴儿自出生后睁开眼睛就能够在光的作用下看到物体，但对于物体各种感觉属性不能做到精确的区分，因此婴儿的眼中世界明显不同于成人眼中的世界。虽然婴儿不能对物体具体属性做出精确区分，但对于物体大体轮廓是能够感觉到的，并在此基础上对物体做出区分，婴儿的注视偏好已经很好地解答了这一问题。研究者对婴儿视觉的研究主要集中在婴儿的视敏度、颜色视觉、物体知觉、深度知觉等方面。

婴儿的听觉。除视觉外，人类另外一个比较重要的感觉就是听觉，研究者认为人类从外界获取的信息大约有10%是通过听觉来完成的，可见听觉在人的生存和发展中也具有非常重要的地位。听觉的感觉器官是耳朵，刺激为声波，当物体振动所发出的声波作用于耳朵后，声波引起外耳鼓膜震动，震动刺激传到内耳的耳蜗，进而被耳蜗内的听觉感受器捕捉到，这种听觉感受器是由神经细胞形成的，叫作科蒂氏器官。由声波刺激作用于科蒂氏器官所产生的神经冲动沿听神经传入大脑的听觉中枢产生听觉。听觉的适宜声波刺激频率为 16 Hz – 20000 Hz，低于 16 Hz 的叫次声，高于 20000 Hz 的叫超声，这两种声波频率都是人耳所不能接受的。现在人们已经知道，人类婴儿的听觉在胚胎时期就已经存在，其发生绝不是出生以后的事情。但在过去很长一段时间，关于刚出生的新生儿包括胎儿期是否有听觉是存在着争议的，主要表现为很多人认为新生儿没有听觉，更不用说胎儿期了，其中就包括著名的发展心理学家普莱尔（William Thierry Preyer），他曾经断言，"一切婴儿刚生下来时都是耳聋的"。他进行断言所依赖的依据伴随着生理心理学的研究进展而被逐渐否定，新近的研究表明，即使是刚出生 24 小时以内的新生儿绝大多数就表现出有听觉反应，后来通过对胎儿听觉的进一步研究揭示出胎儿就已经有了听觉产生。正是由于胎儿有听觉这一结论的出现，才导致后来人们所热衷的胎教音乐的流行。

婴儿的味觉、嗅觉和触觉。除视觉和听觉这两个重要的感觉外，婴儿的其他感觉包括味觉、嗅觉和触觉也已经产生并发挥着作用。味觉的产生是通过溶于液体的物质刺激口腔内的味蕾而实现。早在胎儿时期就已经有了味觉，因为胎儿生活在羊水当中，而羊水是一种复杂的化学环境。研究发现，胎儿的味感受器在 3 个月时就开始发育，4 个月时通过张嘴和吞咽接触到羊水中的化学物质，即开始接受味觉刺激。新生儿的味觉十分敏锐，不同的味觉刺激物可以引起不同的味觉反应。早在 19 世纪末，普莱尔就已经发现，当把不同味的刺激物置于新生儿的舌面时，他们分别做出了不同的表情。甜味刺激诱发出满意的表情并伴有吮吸动作，酸味刺激诱发出难受的表情并伴有纵鼻和眨眼的动作，苦味刺激诱发出厌恶和拒绝的表情并伴有吐出和呕吐的动作。大量研究发现，婴儿比较偏爱甜味刺激物，至于此偏爱是一种进化的选择还是一种后天的习得，还有待于进一步研究。总之，从婴儿时期起就比较偏爱甜味刺激，我们就不难理解为什么小孩子都非常喜欢吃糖了。嗅觉是通过物体的气味作用于鼻腔内的嗅觉感受器——嗅细胞而产生的，嗅细胞受到刺激产生的神经冲动不经过丘脑直接传入脑内的嗅球而产生嗅觉。在人体内除嗅觉信息不经过丘脑中转外，其他感觉信息必须经过丘脑的中转才能到达大脑内的相应感觉中枢产生感觉。人类个体的嗅觉器官早在胎儿时期就已经形成并接受嗅觉刺激，在新生儿出生一天后就能对不同气味的刺激物做出不同的反应。研究发现，婴儿不但能对周围不同成人的气味做出区分，而且表现出对母亲气味的偏爱。触觉是通过机械刺激作用于皮肤而产生，其主要的感受器是位于皮肤下的毛囊神经末梢和两种触觉小体。触觉包括触觉、压觉、温度觉和痛觉。研究发现，胎儿在4－5个月时就已初步建立了触觉反应，到出生后的新生儿阶段，各种触觉的先天机制都已经具备。通过触觉，婴儿实现对物体的软硬、冷暖、运动等属性产生反应，进而实现与环境的互动。

三、婴儿感知觉的意义

婴儿的感觉和知觉虽然简单、低级，很多还处于刚刚起步阶段，但在整个个体心理结构中占有非常重要的地位，对于个体的生存和发展具有非常重要的意义。

首先，婴儿的感知觉活动可以作为检测婴儿身心发育是否健全的指标。人类生命个体从孕育之初，就始终面临着各种风险，比如怀孕期间母亲的身体状况、营养状况、服药状况、生活习惯、生活环境等，生产过程中是否难产、缺氧、机械刺激等，出生后的营养、疾病、生活环境、养育质量等，这些风险因素都有可能对个体产生不利影响，进而使个体的身心发育受到损害甚至发育不良。通过对婴儿基本感知觉的阐述表明，婴儿很多的感觉早在胎儿时期就已经产生，他们在胎内就能实现对外界刺激的反应，这为我们监测胎儿是否发育正常提供了客观指标，比如通过声音刺激可以知道胎儿听觉器官是否发育正常，通过触摸母亲腹部看能否引起胎儿活动知道胎儿是否对外界刺激有反应。出生后可以通过光刺激检测婴儿的视觉是否发育正常，通过声音刺激可以检测婴儿的听觉是否发育正常，通过不同的味觉刺激可以检测婴儿的味觉是否发育正常，通过不同的嗅觉刺激可以检测婴儿的嗅觉是否发育正常，通过不同的机械刺激可以检测婴儿的各种触觉是否发育正常。这些检测虽然简单，但却非常有效，尤其是在婴儿期对于监测婴儿的身心发展具有简便易行的特点。

其次，婴儿的感知觉活动是婴儿适应环境的重要手段。婴儿阶段是生命的最初时期，婴儿身处一个全新而陌生的世界，所有的事物都等待着婴儿去认识，也只有通过认识各种事物才能使婴儿的心理得以向前发展，进而建构起健全的心理结构，实现对环境的适应。通过视觉反应，婴儿对物体的形状、颜色、大小等基本物质属性获得了认识，并以此为基础实现对事物的区分，这为后来高级的物体知觉、运动知觉、方位知觉、距离和深度知觉奠定了基础。通过听觉反应，婴儿对物体振动所产生的各种声音属性获得了认识，并在声音区分的基础上，实现声音定位，声音追踪、视听结合，尤其是以此为基础发展出人类所特有的语音知觉，为语言的发展奠定基础。通过味觉反应，婴儿获得了不同物质具有不同味道的经验，这些经验对于区分什么东西可以食用，什么东西不可以食用具有非常重要的生存适应价值，这种能力也许是物种在长期进化过程中所保留下来的机制，对于生命个体选择食物具有非常重要的意义。同时，婴儿阶段，味觉也是个体认识外界事物的一种重要手段，日常生活中我们观察到此阶段的婴儿不管拿到什么东西首先选择放进嘴里的行为就不难理解了。通过嗅觉反应，婴儿实现了对不同气味的区分，尤其是建立起对母亲气味的偏爱，这对于婴儿个体对于母亲的识别和依恋具有十分重要的生存适应价值，生命初期能否准确地识别母亲并得到母亲的照顾，决定了其生命能否存活，人类生命个体如此，动物生命个体亦如此。通过触觉反应，婴儿获得了物体的软硬、冷暖、轻重等属性的认识，并能在这些认识基础上发展起运动知觉、物理知觉等高级知觉活动。尤其是通过痛觉，可以帮助婴儿知道哪些刺激是属于伤害性的刺激，进而帮助婴儿实现对伤害性刺激的躲避，提高其对环境的防御能力，增强其对环境的适应能力。

四、婴儿感知觉能力的发展

婴儿期的各种感知觉活动虽然看似简单，但却有惊人的发展速度，其发展成就往往是我们难以置信的，其中发展变化比较明显的主要体现在以下几个方面：

婴儿视觉的发展。婴儿视觉的发展主要表现为视敏度的发展、颜色视觉的发展、模式视觉的发展，并在此基础上发展起客体知觉、深度知觉等高级知觉能力。

视敏度俗称视力，也就是指对物体细微差别的辨别能力。婴儿刚出生时，就能对光有反应，并用眼睛去注视物体，就表明婴儿具有一定的视力，但刚出生的婴儿的视敏度相比于成人来说，具有很大的差距。研究表明，新生儿的视敏度还不及成人的十分之一，也就是刚具备看到刺激图案的能力，而且图像是模糊的，到6个月时基本接近成人的水平，可以比较清晰地看到物体的细微特征。这就让我们联想到，为什么婴儿只有到6个月大时才表现出"认生"行为，因为只有此时他（她）才真正认识了身边的每一个人，在此之前所有人的模样都是一样的。

颜色视觉是对不同波长光线的辨别能力。我们周围的环境之所以是五光十色，不同的物体具有不同的颜色，就是因为光是由不同波长的光线组成，同时由于物体表面的反射特性不同所造成。人的肉眼所能看见的光线只是光的一小部分，这部分光被称为可见光，其波长范围为380－780豪微米。人所能接触到的光除人造光源外，最主要就是太阳光，太阳光是一种混合光，其中主要包括红、橙、黄、绿、青、蓝、紫，即人们常说的七彩光，人眼的许多视觉特性主要是长期适应太阳光的特性产生的。由于人不能将眼睛直接朝向光源，日常生活中我们所获得的光线主要是物体表面反射的光线，光本身就具有不同的颜色，加之不同物体表面具有不同的反射系数，因此当太阳光照射到不同物体时，不同物体所吸收和反射的光就不同，此时我们所看到的物体颜色就不同。对于婴儿来说，是不是一出生就能看到五光十色的世界，还是后来一点点才让自己的世界彩色化，这是研究者比较感兴趣的问题，也是长期困扰的问题，因为对此问题要想弄清楚并不是一件很容易的事情。通过研究者的长期努力，现在关于婴儿眼中的色彩世界是什么样，其发展变化趋势如何，基本上有了定论。研究表明，新生儿就能进行一些颜色辨别，比如区分白色、黑色、红色和绿色，这在注视偏好实验中就有体现，发现他们对于不同颜色的同样圆形图案注视时间是不同的；2个月时能对多数颜色进行区分；4个月时对颜色的辨别能力基本接近成人水平。以后，随着视觉能力的进一步发展，接触环境的复杂化，婴儿的颜色视觉得到了进一步的发展。

　　模式视觉就是指把物体的各部分进行整合作为一个整体刺激物进行反应。周围环境中的各种物体都是由各种特征所构成，当它们作用于人时是以一个复合刺激物在起作用，让研究者感兴趣的问题是婴儿是否一开始就具备这种整体感知能力。早在范兹所做的注视偏好实验中，就已经发现新生儿偏好复杂的刺激模式，尤其更加偏好人脸模式，当把人脸上的各器官打乱呈现时，新生儿的注视时间要少于正常的人脸，这似乎暗示新生儿能把人脸作为一个整体进行感知。以后随着视觉系统的成熟，接触环境的复杂化，婴儿的模式视觉得到进一步的发展，主要表现为具有了客体知觉和深度知觉能力。研究表明，婴儿的客体知觉能力主要体现为以下几个方面：一是能够对客体和背景进行初步的区分，即婴儿能够把环境中的各种物体进行立体上的区分，在他们的眼中，世界不再是平面的，初步有了立体感；二是能够在有运动线索的情况下对两个紧密接触的物体进行区分，否则只能区分两个相互分离的物体，对于紧密接触的两个物体而当作一个物体进行感知；三是能够在有运动线索的情况下对被遮挡的物体进行整体感知。以上这些客体知觉能力均表现为在婴儿4个月大时才能初步产生，在此之前不具备该种能力。

深度知觉是指个体能够对物体之间的距离及同一物体不同构成部分之间的位置关系从立体上进行知觉的能力。婴儿出生后多大才有深度知觉，研究者采用了很多办法来加以探测，比如采用偏好法探测婴儿能否辨别两维和三维刺激之间的差别，观察儿童的伸手行为的频率和性质是否随目标物距离或体积的变化而做出恰当变化，观察婴儿对逼近自己的物体是否能做出恰当的防御性反应。通过这些相对比较简单的探测方法表明，几个月的婴儿就已经出现了深度知觉的迹象。对婴儿深度知觉研究最经典的实验当属吉布森（J. Gibson）设计的"视崖"实验。实验采用一个桌面为透明玻璃板的大桌子，在玻璃板的一半下面铺上一层图案为黑白相间的格子布，在玻璃板的另一半垂直下的地面上铺上相同图案的格子布，这样在视觉上产生一种悬崖的感觉。实验时选7-8个月刚会爬的婴儿作为被试，把婴儿放在桌子的一端，让婴儿的母亲在桌子的另一端，当婴儿看见母亲后就会爬向母亲，当婴儿爬到视觉悬崖处时，看他的反应，如果婴儿很顺利地爬过视觉悬崖，就表明婴儿没有深度知觉，如果婴儿在视觉悬崖处表现出恐惧或逃避反应，不敢再向前爬，就表明婴儿有了深度知觉。实验表明，绝大多数7-8个月的婴儿都具有深度知觉。后来的研究者直接把2-3个月的婴儿放在桌子上的视觉悬崖处，通过监测心率发现，此时婴儿的心率呈降低趋势，表明婴儿此时也能知觉到差异，只不过此时所产生的是好奇而不是恐惧，人在恐惧时心率会变快，而在好奇或感兴趣时心率则变慢。"视崖"实验表明，婴儿在2个月大时可能就已经有了深度知觉，当然此时的深度知觉还处于刚刚起步阶段，其发展完善还有待于日后各种感知觉和运动经验的积累和辅助。

婴儿听觉的发展。婴儿的听觉发展主要表现为听觉的辨别力、声音定位、语音感知和音乐感知。胎儿就已经有了听觉,婴儿一出生就能听到声音,只不过此时的听觉阈限比较高,不是所有的声音都能引起婴儿的反应。尽管婴儿对声音频率的分辨能力不像成人那样精确,但其初步的声音分辨能力还是有的。研究者对出生3天的新生儿进行研究,让婴儿各自的母亲朗读故事并录音,作为测验的声音材料。当婴儿吃奶时,就播放这些声音材料,如果婴儿吮吸频率没有变化,就表明婴儿听到的是自己母亲朗读的声音,如果婴儿吮吸频率发生变化,就表明婴儿听到的不是自己母亲朗读的声音。结果表明,85%的婴儿会按听到母亲声音的频率吮吸,这就说明婴儿能够辨别母亲和他人的声音。婴儿的声音定位能力在刚出生就有所表现,在2-3个月时似乎消失了,到4-5个月时又再次出现,对此,研究者暂时还没有给出结论,还有待于进一步的研究。婴儿的听觉发展表现最为明显的就是对人类语音的敏锐感知。胎儿阶段就能感知到母亲的声音,并在出生后表现为对母亲声音的偏爱,相比于其他声音,婴儿更加偏爱人类的语音。这种对人类语音的偏爱,也许是一种进化选择的先天机制,它对婴儿与成人的互动奠定了基础,提供了契机,使他们可以在很短的时间内掌握人类的语言,并促使其社会性的完成。音乐感知方面,表现为婴儿偏爱轻柔、旋律优美、节奏鲜明的音乐曲调。米歇尔的追踪研究发现,婴儿2个月时就能安静地躺着听音乐,2-3个月时能区分音高,3-3.5个月时能区分音色,6-7个月时能区分简单的曲调。等到婴儿可以站立时,就可以伴随音乐节奏出现相应的身体动作和舞蹈动作。

婴儿触觉的发展。婴儿的触觉相比于视觉和听觉似乎显得不是很重要，但其发展对于婴儿的环境适应也具有非常重要的意义。由于触觉和压觉的存在，婴儿可以感受到外部刺激给自己带来的感受，因此成人轻拍哭闹的婴儿可以起到安抚作用，对婴儿给以轻柔的抚摸可以使婴儿感觉更舒适；温度觉可以使婴儿感知环境的冷暖，并向成人传递信息以寻求帮助；痛觉可以使婴儿感知伤害性刺激，进而帮助其对伤害性刺激进行躲避，以提高生存的能力。婴儿触觉的发展表现为可以通过触觉去探索周围的环境并获取相关信息，最明显的就是手的触摸和抓握动作。婴儿手的触摸动作起初都是无意的，随着接触事物的增多，这种触摸动作会从无意发展为有意，并在此基础上产生抓握和推拉动作，最后发展为利用手对事物进行操作，做出各种行为活动。因此，触觉的发展和动作发展是密不可分的，而动作发展对于婴儿日后的探究行为和操作行为都具有非常重要的作用。

五、婴儿感知觉能力的建构

感觉与知觉作为人类心理最基本的活动，其发生与发展绝不是完全由遗传的生物因素来决定，也不是完全由个体的生理成熟来控制，其发展的快慢以及完善程度很大程度上取决于后天的环境影响，因此，为了使婴儿的感知觉能力得到良好的发展，成人在此过程中必须做出自己的努力，这种努力不但是必要的，而且是可能的。

促进婴儿感知觉能力的发展，最重要的事情就是帮助婴儿形成感觉统合能力。感觉统合概念是由美国南加州大学临床心理学专家爱尔丝博士于1972年提出，是指大脑将身体各部分感觉器官输入的各种感觉刺激信息组织加工、综合处理的过程。这种过程其实就是一种学习过程，人的学习从心理发展角度来说是身体感官、神经组织及大脑间的互动过程，此过程包括两种学习：一种是感觉学习，即身体的视、听、嗅、味、触及平衡感官，透过中枢神经分支及末端神经组织，将信息传入大脑各功能区的过程；一种是运动学习，即大脑将感觉信息整合，作出反应，再透过神经组织，指挥身体感官的动作过程。感觉学习和运动学习的不断互动便形成了感觉统合。只有经过感觉的统合，人类才能完成高级而复杂的认识活动。

感觉统合能力的发展，在个体心理发展过程中是有基础的。首先，人的心理是一个整体结构，其各种构成活动的发展虽然有早晚和快慢的问题，但每一种活动的发展绝不是孤立进行的，而是彼此联系，相互依托，整体向前推进发展。各种感觉活动的发展遵循同样的规律，因此它们在发展过程必然会产生相互影响，彼此促进。其次，客观环境中各种性质的刺激也不是孤立地作用于个体，而是以一种复合刺激作用于个体，个体每时每刻所接受的都是一组复合的刺激信息，包括视觉与听觉的、视觉与触觉的、听觉与触觉的、味觉与嗅觉的等等，这种复合刺激的作用就为各种感觉的联合提供了条件。再次，个体很早就具备这种感觉统合的能力。研究者通过研究发现，婴儿很小的时候就形成了一种跨通道知觉的能力，这种通道就是指感觉通道，证据主要来自婴儿的视觉与听觉、视觉与触觉、视觉与身体运动模仿的跨通道整合。研究发现，3-4个月的婴儿就能将声音与各种图像联系起来，并利用图像和声音的共同特征推测图像和声音具有相同来源；1个月的婴儿在注视偏好研究范式下，更多地注视与其嘴里含过的橡皮奶头相似的球体，说明婴儿已能从所看到的形状中，再认出哪一个形状与他用嘴探究过的形状相匹配，表现为视觉与触觉的统合；婴儿很小就能在看不到自己动作执行的情况下模仿所看到的他人动作，表现为视觉与身体运动模仿的统合，这也是亲子互动游戏的基础。

感觉统合能力发展不好，严重的就表现为感觉统合失调。感觉统合失调是指外部的感觉刺激信号无法在儿童的大脑神经系统进行有效的组合，而使机体不能和谐地运作，久而久之形成各种障碍，最终影响身心健康。儿童感觉统合失调意味着儿童的大脑对身体各器官失去了控制和组合的能力，这将会在不同程度上削弱人的认知能力与适应能力，从而推迟人的社会化进程。感觉统合失调的表现主要包括：前庭平衡失调、视觉感不良、听觉感不良、触觉敏感或过分迟钝、本体感失调、动作协调不良等。感觉统合失调的儿童智力正常，但由于其统合能力不足导致其智力水平没有得到充分发展，尤其是到了学龄期，在学习能力和性格上出现多种障碍，主要表现为心理成熟迟滞，注意能力差，语言表达不畅，情绪不良，自控能力差，缺乏自信，学习能力下降，不会和别人交往，人际关系差等等。现代化都市家庭中，感统失调的孩子比例非常高，其中有很多孩子为重度感统失调。

为了更好地促进婴儿的感知觉发展，使其建立起良好的感觉统合能力，避免产生感觉统合失调，成人对婴儿的环境设置及养育行为具有重要的作用，主要应从以下几个方面入手：

首先，注意孕期保健，建立良好的哺育行为。婴儿的部分感官在胎儿时期就已经形成并开始发挥作用，因此怀孕期间母亲的自身状况及行为都有可能对胎儿的发育造成影响，进而使其感觉统合能力发展先天不足。因此，做好孕期保健非常重要，避免一些消极不良因素的作用，诸如母亲应注意营养供应，不能因为妊娠反应严重而少进食或不敢进食，营养不足会造成胎儿营养不足，进而影响各种感官的发育；母亲不应有不良生活习惯，如吸烟、饮酒、喝浓茶和咖啡等，这些行为会造成脐带的毛细血管萎缩，使孩子出生后在不同阶段出现不同程度的感统失调。除做好孕期保健外，在孩子出生后还要建立起良好的哺育行为，如不要让孩子总是静躺或静坐，要多摇抱孩子，以增加孩子的触觉感；不要因为溺爱孩子而不让其哭泣，哭可以增强婴儿的心肺功能，锻炼其口腔肌肉；不要总是让孩子独处，要多注视孩子，与其说话，多进行亲子互动，以促进其视觉、听觉的发展及统合。

其次，设置优良环境，提供丰富的信息刺激。感觉与知觉活动的最基本功能就是给个体提供信息，以保持个体与环境之间的信息平衡。很多感统失调儿童的主要原因在于生活环境过于单调，接触刺激少，感官由于缺少刺激的作用不能使其功能有效地发挥并实现多感官之间的有效统合。当今社会，对于生活在城市中的婴儿来说，大多都是生活在小家庭当中，生活环境相对封闭，加之父母工作忙，陪伴孩子的时间较少，带孩子外出的时间就更少。孩子每天更多的时候是一个人待在家里，陪伴他们的是电视、游戏机、电脑、手机、电动玩具等电子设备，孩子缺少与人的沟通与互动，同时也缺少与大自然的接触与互动。这种生活环境严重地限制了儿童与外界的接触，人为地剥夺了儿童对各种感觉信息的获得，导致儿童获取信息量不足，打破了个体与环境之间的信息平衡，进而使各种感觉发展不良，出现感统失调。即便是生活在城镇及乡村中的婴儿，由于父母文化水平低，不懂得婴儿感知觉信息获得的重要性，也缺少主动为婴儿提供接触自然的机会，从而使婴儿也生活在一种相对封闭的环境中。因此，从小就为婴儿设置优良的环境，为他们提供接触自然的机会是多么的重要。父母应该主动带孩子走出房间，走出家门，带他们走进大自然，让他们与大自然有更多的接触和亲近。因为，大自然的各种环境、各种事物会给他们以各种刺激，会让他们的各种感官都动起来。在大自然的环境中，婴儿会看到湖光山色、旷野田园、花草树木、飞禽走兽，会听到流水潺潺、山风呼啸、鸟儿鸣唱、动物嘶叫；会抚摸植物体验不同的感受、会在水与泥沙中体验冷暖、会在微风吹拂下体验一丝爽意；会闻到花草的芬芳、泥土的清香；会品尝到野果的酸甜、草与叶的苦涩。所有这些信息的获得，不但让婴儿获得了体验，而且会使他们在多种刺激的作用下进行信息的整合，实现多感官的统合，达到对事物的综合认知。

再次，尊重儿童天性，减少过早的认知教育。儿童的天性是什么？就是爱动，喜欢玩，用专业术语来说就是喜欢游戏。现实生活中，儿童的这种天性有多少人清晰地认识到，又有多少人对其尊重和保护，现实的情况是不但认识到的人少之又少，而且还有意或无意地把儿童这种天性几乎剥夺殆尽，而剥夺儿童天性的罪魁祸首就是过早的认知教育。我们的家长不知是出于担心还是着急，就怕自己的孩子在各方面落后，因此就迫不及待地对孩子实施所谓的早期教育，因为他们都信奉一个道理，那就是不能让自己的孩子"输在起跑线上"，尽管他们不知道什么是起跑线，起跑线在哪，反正早做要比晚做好，因此就不顾孩子的天性和兴趣，不管孩子能否接受和喜欢，为他们准备了各种所谓"兴趣班"、"特长班"、"早教班"等，使孩子过早地接受认知教育。这种过早的认知教育,其危害是违背了孩子的天性,超出了孩子的能力范围,加之过多的限制和过高的要求,很多时候使孩子难以完成任务,达不到要求,进而招致家长的批评和惩罚,使他们过早地丧失了学习的兴趣和努力的愿望。同时,由于过早的认知教育活动完全挤占了儿童自由玩耍的时间,使他们的生活缺少游戏活动,缺少与人的沟通与互动,进而使他们在认知、情绪情感、意志、人格等方面都会出现问题,影响身心的健康发展。因此,尊重儿童天性,还孩子以游戏时间和空间,对促进他们的感知觉发展,实现感觉统合,避免感觉统合失调是无比重要的决定。因为,儿童在游戏过程中,可以接触到各种事物,认识各种事物特性,了解事物的各种功能,并通过在游戏活动中制定游戏规则、接受和改变游戏规则、解决矛盾与冲突等行为实现与他人的互动与沟通,这些对于儿童的认知、情绪、意志、人格发展都具有重要的作用,更重要的是儿童在游戏活动中身心放松,感知觉活跃,这对促进他们的感知觉发展是任何事情都不能替代的。

第 2 章

婴儿的注意

一、婴儿注意的内涵

注意的概念。注意是指人的心理活动对一定对象的指向和集中。注意是人的所有心理活动的开端，任何一种心理活动的开始都必须通过注意这道大门，大门打开了，信息才能进来并得到加工，某种心理活动也就开始了，大门未开，信息就进不来，没有信息作用心理活动也就无法开始，可见，注意就是我们心理的门户。对于任何客观刺激来说，只有被注意到了，它才会被人反映到，从而产生某种心理活动，如果没有被注意到，它就只是一种客观存在，对人没有任何意义。从这个意义上来说，人的认识活动是离不开注意的。注意本身不是一种独立的心理过程，也就是说注意不能单独完成对刺激的反映，它是伴随着其他心理过程而产生的，离开了其他心理过程，注意就失去了内容依托。

注意的两个基本特征从定义中可以反映出来，即注意的指向性和集中性。指向性是指人的心理活动在每个瞬间有选择地朝向一定的对象。心理活动所指向的事物不同，我们就知道注意方向的不同，指向性不同，人从外界获得的信息也就不同。集中性是指当心理活动指向某个对象后，就会在这个对象上把心理活动集中起来。通过这种心理活动的集中，可以保证对所指向的对象进行清晰鲜明的反映，同时抑制外界无关刺激的干扰，保障心理活动的顺畅进行。指向性说明的是心理活动的具体活动方向，集中性说明的是心理活动在一定方向上活动的强度或紧张度。

　　根据注意产生时是否有预定目的以及注意维持过程中是否需要付出意志努力来划分，把注意可以分为无意注意、有意注意和有意后注意三种形式。无意注意也可以称作不随意注意，是指产生时没有预定目的并且不需要意志努力来维持的注意。无意注意表现为人们不由自主地对周围新刺激的指向和集中，它往往是在周围环境发生变化时，在某些刺激物的直接作用下，使人们把感官朝向刺激物并试图认识刺激物的注意活动。有意注意也可以称作随意注意，是指产生时有预定目的并且需要意志努力来维持的注意。有意注意表现为人们主动地、有目的、有意识地把心理活动指向并集中在某种刺激物上，此时的注意服从于当前活动任务的需要，受人们意识的支配和调节，充分体现了人的主观能动性。有意后注意也可以称作随意后注意，它同时具有无意注意和有意注意的特点，即它是一种有目的的但又不需要意志努力维持的注意。有意后注意是在有意注意的基础上发展而来，即当人们长时间从事一项有目的的活动后，由于操作的熟练而可以非常自如地执行该项活动，而不必依靠意志努力来把注意维持在活动上，此时的有意注意就转化为有意后注意。

　　一个人注意力的好坏主要表现为其注意品质如何，良好的注意品质主要表现为以下几个方面：注意的广度，注意的广度也叫注意的范围，是指人在同一时间内所能清楚地把握对象的数量；注意的稳定性，注意的稳定性是指个体的注意在同一对象或活动上所能持续的时间；注意的分配，注意的分配是指在同一时间把注意指向两种及以上对象或活动的注意品质；注意的转移，注意的转移是指人根据新任务的需要，主动地改变注意对象。

婴儿注意的测定。注意就其机制来说是大脑的一种定向反射，这种定向反射在脑内有复杂的神经机制，就刺激层面来讲，可以是对外部刺激的一种无意应答，也可以是在某种内部要求的作用下主动对外部刺激的有意反应。因此，对于婴儿注意的测定主要是从考察婴儿的外部行为入手，进而推断其注意的状态。首先，观察婴儿是否存在对外界刺激的应答行为。婴儿一出生就生活在各种声、光、颜色、形状、大小、气味等复杂的刺激环境当中，这些刺激无时无刻不在作用着婴儿的各种感官。如果婴儿在这些刺激的作用下，能够将感官朝向某种刺激，进行注视、倾听、嗅闻、触摸等行为，就表明他们感知到刺激的存在，并对其进行了应答，这种应答行为尽管简单原始，更多的是体现为一种无条件反射活动，但是这些刺激也是在适合于婴儿生理上可接受条件下被捕捉到的，因而足以证明婴儿对外界刺激的这种反应就是一种无意注意。其次，观察婴儿是否存在对外界刺激进行主动探寻的行为。环境不是静止不动的，总是处于一种动态的变化当中，其中任何一种刺激都不能永远恒定地对主体产生作用。当某种刺激停止作用后，婴儿是否仍会将眼睛或耳朵朝向该刺激的方向，表现出试图搜寻的反应；当刺激发生运动时，婴儿是否能够将眼睛继续跟随刺激，表现出追踪反应；当不同刺激先后出现，婴儿是否能够将眼睛在不同刺激之间进行转换，表现出扫视反应。如果这些反应或多或少地在婴儿身上有所表现，就表明婴儿具有了某种主动的有意注意。再次，观察婴儿是否存在对外界刺激进行持续坚守的行为。随着刺激物的不断作用，某些刺激就会被婴儿逐渐熟悉，并在此基础上产生对该刺激物的偏好，实验研究发现，婴儿对偏好的刺激物会有更长的注视时间，这种较长时间的注视一方面说明婴儿对刺激物的兴趣，一方面能够说明婴儿可以对某种刺激进行长时间的注意坚守。另外，也可以观察婴儿对新的陌生刺激的反应，如果婴儿对陌生刺激的注视时间也表现出较长的时间，同样说明婴儿对某些陌生刺激可以进行长时间的注意坚守，这种注意坚守是为了获得更多信息并在脑中进行比较匹配的有意注意。

婴儿注意的特征。整个婴儿阶段，由于其大脑及神经系统还处在发育成熟的过程中，其功能还尚未完善，而注意需要大脑应该具有某种激活和兴奋水平，但婴儿的生活节奏恰恰是睡眠时间长，觉醒和活动的时间短，新生儿尤其如此。因此，婴儿的注意与后来的注意是明显不同的，具有如下几个特点：首先，注意受兴趣左右。外界的刺激千差万别，每个婴儿的心理发展也各有不同，因此无论是从外在刺激还是从内在发展角度看，都会导致婴儿的注意受兴趣所左右。现实生活中，我们也很容易看到婴儿注意的这个特点。婴儿注意发生的时候，是由兴趣所引发，他们更容易被自己感兴趣的事物所吸引，这一点通过注视偏好实验已经得到证实。婴儿注意进行过程中，他们也只关注自己感兴趣的事物，而不会因为他人的意愿而去关注某个事物或现象，即使到了婴儿后期，在成人的某种要求下，婴儿也会固执地坚持注意自己感兴趣的事物，而不惜违背成人的注意要求。其次，注意保持时间短。由于婴儿大脑兴奋的时间比较短，因此从生理层面就决定了婴儿对于刺激物的注意时间不会太长，加之婴儿的兴趣不稳定，受外部刺激的变化影响比较大，所以他们会经常变换注意对象，而这种变换更多的是一种被动变换。具体来说，新生儿对某种刺激的注意时间大约能维持几秒钟，以后随着发展，其注意保持时间会逐步延长，到3岁时，其注意保持时间能够达到10－15分钟，再长就很难做到了。因此，日常生活中，我们与婴儿所进行的需要注意保持的活动，其时间长度不能超过15分钟，否则婴儿就会坚持不住，而出现注意转移。再次，注意稳定性差。婴儿的注意受兴趣左右，保持时间短，从总的来说可以概括为注意的稳定性差，即注意对象的频繁变换，不能较长时间专注于同一对象或活动。注意是否稳定，不能只看其表面的对象变化和时间长短，更主要是看其在单位时间内活动的效率，活动效率低，说明注意不稳定，活动效率高，说明注意稳定。婴儿的注意稳定性差，一方面体现为其注意的弱点，注意发展不完善，另一方面也与成人的刺激提供和活动安排有关，如果我们在要求婴儿进行某种活动时，注意排除某些分心刺激的出现，加强活动内容的有效衔接，就可以在一定程度上提高婴儿的注意稳定性。

二、婴儿注意的意义

帮助婴儿选择信息，适应生存环境。注意作为人的心理门户，其最基本功能就是对刺激的选择，即不停地从周围环境选择信息提供给大脑进行各种心理加工活动，从而使各种心理加工活动获得认知加工内容，促使人的心理发展。注意这种对于信息的选择，帮助婴儿适应生存环境的意义表现为：首先，婴儿的大脑发育成熟需要注意获取相关信息。婴儿出生后，大脑还有很长一段时间需要去发展，功能需要去完善，而这一过程的实现是在外界环境刺激的不断作用下完成的，如果没有环境的刺激，或是婴儿不能获取环境刺激，大脑就得不到发展和完善。脑功能不完善的表现就是各功能区域不能发挥应有的作用，实现对相应刺激的反应，从而不能为某种认知活动提供相应内容，致使认知活动发展不良，严重影响个体的心理发展。其次，注意可以帮助婴儿指向信息，并做出有效区分。环境刺激纷繁复杂，有些刺激是婴儿生存发展所必需的，有些刺激不是他们生存发展所必需的，对于婴儿来说，虽然他们并不知道每种刺激对于自己是否有意义，但他们却能够对那些决定其生存发展重要的信息加以选择，并优先做出反应，这也许是生物进化过程中所形成的一种机制。习惯化和去习惯化的研究显示，婴儿对重复出现的刺激反应兴趣下降，甚至不去反应，而对新的陌生刺激所表现出的兴趣和警觉，表明婴儿可以随时随地地把注意指向他们所需要的信息，为其行为活动提供依据。再次，注意可以帮助婴儿优先指向社会性刺激，实现与人的社会联结。婴儿作为一种社会性动物，其生存主要体现为一种社会性生存，这种社会性生存的前提是能够与人建立起联系，并对人的各种行为做出适宜反应。婴儿刚出生时，不具备独自生存的能力，其生存和发展完全依靠成人提供的帮助，因此，与人有关的环境刺激往往会得到婴儿的优先注意，比如人的声音、人的表情，人的行动等，尤其是与母亲有关的这些刺激更是如此。这种对社会性刺激的优先选择，可以很好地得到成人的回应，使成人和婴儿建立起良好的社会互动，从而为其生存提供各种条件。

帮助婴儿保持信息，协同认知活动。注意作为一种认知活动的伴随状态，其本身表现为一种持续性的状态。各种心理过程必须有注意的伴随才能进行各种心理加工和操作，否则它们将无法开始工作，在这个过程中，注意就发挥了对信息的保持功能，使被选中的信息始终停留在某种心理加工过程中，这样大脑才能对信息进行各种心理加工活动。这种注意的保持表现为时间上的一种延续，直到完成行为动作，完成心理加工活动，达到目的为止。对于新生儿来说，他们对某种视觉刺激物的偏好，表现为注视时间的延长，这就体现为视觉在偏好刺激上的注意持续；婴儿手的动作发展起来后，表现出的对于某种感兴趣物品的持续摆弄，体现为婴儿对操作活动的持续性注意。婴儿后期，语言发展起来后，表现出的对于人类语言和图像符号的兴趣，体现为婴儿对听说和阅读的持续性注意。正是因为婴儿在这些认知性活动上拥有持续性的注意，才可以保证他们对所获取的信息进行进一步的加工处理，从而做出适宜的反应。婴儿的认知发展，就体现为各种认知活动能够得到注意的协同，从而使他们对于各种刺激物知觉得更加清晰，编码得更加充分，存储得更加巩固，再认和回忆得更加容易，理解得更加透彻，应用得更加准确。如果脱离注意的这种保持，婴儿的各种认知活动便难以进行，更不用说向前发展，可见，注意本身虽然不是一种认知活动，仅作为一种伴随状态而存在，但对于各种认知活动的形成和发展却具有不可或缺的作用。

帮助婴儿调控信息，形成学习能力。注意最重要的功能在于对个体行为活动和心理加工活动发生变化时所进行的监控和调整，其主要表现就是对外部或是内部信息的调控。对于婴儿来说，这种对内外信息的调控，其最终发展成就就是帮助婴儿形成学习能力。个体学习能力的建立，从内部来说，需要建立起良好的内部信息操作能力；从外部来说，需要建立起良好的外部信息调控能力。这两种能力的形成和发展都有赖于婴儿时期对注意信息的调控而实现，进而形成相应的学习能力。首先，婴儿需要对感官从外界获取的信息进行内部的心理加工，经过加工才能获知信息的意义，并对其做出适宜反应。任何一种心理加工过程的进行，都会涉及很多心理操作的参与，这些心理操作有时同时进行，有时相继进行，不管哪种情况都涉及心理操作的转换和衔接问题，转换是否及时，衔接是否流畅，就在于注意的监督和调节。正是在这种长期不断的加工操作过程中，通过注意的调控，使得各种心理操作转换及时，衔接流畅，从而发展成为一种认知技能，而这种认知技能正是学习能力的内部基础条件。其次，婴儿始终都生活在不断变化的环境中，在这种变化的环境中，婴儿必须学会从变化中获取有用信息，并在变化中合理地分配和转移注意，这样才能随刺激的变化做出合适的行为反应。这种应对外部环境变化，随时能够对外部信息进行有效调控，慢慢就会发展为一种对信息调控的能力，这种能力就是形成学习能力的外部保障条件。可见，注意本身虽不能直接完成学习活动的各种认知操作，但对于学习能力的形成和发展却具有非常重要的影响作用。

三、婴儿注意能力的发展

婴儿注意的发生。注意作为认知活动的伴随状态，是在个体出生之后才能得以观察，其最初产生于新生儿期。新生儿由于神经系统和大脑尚未发育完善，不能接受长时间、过多的刺激，为了保护大脑不受伤害，因此新生儿大部分时间都处于睡眠状态，以此来避免外界刺激对大脑的作用。此时，新生儿觉醒的时间最长不超过 30 分钟，在这短暂的时间内，新生儿的主要活动就是吃奶，其他的认知性活动还处于刚刚起步的阶段。研究者的注视偏好和习惯化与去习惯化的研究都已经证明，新生儿可以对外界刺激进行反应，这说明新生儿可以注意到外部刺激，并具有一定的指向性，这种最初的注意能力基本上是先天的、无条件定向反射。随着神经系统和大脑的逐步发育成熟，由新生儿期过渡到乳儿期，此时婴儿的睡眠时间开始减少，觉醒的时间开始逐步延长，由刚开始的 10－30 分钟，能够延长到 1－1.5 个小时，等到婴儿 4 个月时，开始出现昼夜之间有规律的睡眠和觉醒的转换，此时婴儿白天有大部分的时间处于觉醒状态，除了吃东西以外，就是进行玩耍，在玩耍的过程中，婴儿对各种事物的指向和集中，无不有注意的伴随。

婴儿注意的内容增多。随着婴儿觉醒时间的延长，所接受的刺激就会增多，这些刺激慢慢都会成为婴儿注意的内容。新生儿时期，他们所接触的刺激比较少，其中最常接触也是最熟悉的刺激就是与母亲有关的信息，包括母亲的声音、气味、面孔等，所以新生儿每次吃奶的时候都会紧紧地盯着母亲的面孔，也许这是他们最适宜注意的对象。伴随婴儿动作的发展，他们观察世界的角度变得不同，他们与外部环境互动的方式也变得不同，这都会在某种程度上增加他们注意的内容。比如，婴儿学会翻身之后，他们所看到的世界与只能仰躺着时看到的世界明显不同；会坐之后与俯卧时看到的世界又不同；站立起来会走之后，所接触的世界更加不同；从不会抓握物体到能够抓握物体，再到对物体的把玩和操作，实现对物体的远观到近距离的观察。以上这些变化最主要的就是婴儿的感知世界变得更加丰富多彩，而每一样事物或事物特征都会成为他们注意的对象，引发他们采用更多的感官通道去对事物进行感知和探索。注意内容的增多，说明他们的注意范围逐步扩大，可以应对纷繁复杂的世界，并在其中选择相应信息加以反应。

婴儿注意的稳定性增加。注意的稳定性主要是从注意保持的时间长短和单位时间内主体活动的效率来进行衡量，相对来说，在一个事物或活动上，注意保持的时间越长，说明注意越稳定，但这只是表面现象，关键还是要看活动效率。婴儿注意的发展，其中最明显的表现就是注意时间增长，这在一定程度上可以表明他们的注意稳定性得以增加。注意稳定性的增加，一方面说明婴儿的神经系统和大脑的发育逐步成熟，其兴奋时间和水平均得以提高，可以从生理层面帮助婴儿把注意力相对长时间地保持在同一事物或活动上，同时也能够为婴儿的后续认知加工提供生理保障，这样婴儿才可以较长时间地把注意力集中在某种刺激上，实现对其持续性的认知加工；另一方面说明婴儿的兴趣开始在婴儿的注意中发挥作用，婴儿对感兴趣的事物或活动不但会优先指向，而且会更长时间地把注意集中在上面，体现出一段时间内的注意稳定。日常生活中，我们不难发现婴儿会做一些看似简单和机械重复性的活动，比如摆弄某个物体、在纸上乱涂乱画、长时间看某种图画和动画片等。如果在此时出现某种分心的因素，一般也不会对其产生干扰作用，婴儿仍会固执地坚持原先的活动，但如果是婴儿不感兴趣的事物或活动，他们就很容易被分心因素所吸引。可见，兴趣在婴儿注意稳定性的发展上具有非常重要的作用，这对我们培养婴儿良好的注意具有一定的指导意义。

婴儿注意的分配与转移能力增强。注意的分配表现为主体能在同一时间把注意指向不同的事物或同时从事不同的活动，这种注意能力对于人来说，在现实生活中不仅是可能的，而且是必需的。因为，现实生活中往往是多种刺激同时作用于人，此时人必须同时做出反应，否则就不能获得完全的信息，进而影响活动的进行。婴儿前期由于生活环境的相对单一，刺激相对较少，一般不需要婴儿对注意进行分配，因此这时他们的注意分配能力不强，表现不明显。婴儿后期随着生活环境的丰富，刺激开始增多起来，此时就要求婴儿把注意分配使用，这样才能更好地对各种刺激做出反应，保证相关活动的进行。比如婴儿后期可以一边看着图画，一边听妈妈对图画的解释，并不时地做出补充或纠正，就表明他们能把注意在视觉和听觉上分配，并做到同步进行。注意的转移表现为根据活动任务的要求主体主动进行的注意对象的转换。现实生活中，当一件事情完成之后，需要开始一项新的事情，此时就需要我们能够把注意从先前的活动对象上转移出来而指向新的活动对象。就婴儿的注意发展来讲，整个婴儿期主动进行注意转移的能力都不是很好，更多地体现为是一种被动的注意转移。此时婴儿注意对象的转换，主要取决于外界刺激物的性质，当外界刺激物具有某种能够吸引婴儿注意的特征时，就会使婴儿的注意发生转移，比如新颖的图案、鲜艳的色彩、快速的运动、响亮的声音等，正是这种特点的存在，使我们就不难理解为什么婴儿都喜欢看动画片和广告了，就是因为它们很好地具备了以上这些特征。随着婴儿语言的发展，活动内容的复杂化，出于活动任务的要求，婴儿开始逐步实现由被动的注意转移向主动的注意转移转化。

由无意注意向有意注意发展。 婴儿的活动轨迹表现为由被动向主动发展，从刚开始的对刺激物的消极应答，到后期对环境的积极探索，在这一过程中，活动的主动性逐步增加，其中就包括注意主动性的增加。

婴儿注意内容的增多、稳定性的增加、分配与转移能力的增强，都在某种程度上体现了注意的主动性，而注意主动性的发展，就预示着婴儿的注意开始由无意注意向有意注意发展。有意注意是人所特有的注意，其形成和发展离不开人所进行的社会实践活动，婴儿作为一个社会实体，从一开始就参与人的社会实践活动，也正是在这一过程中实现有意注意的建立和发展。婴儿有意注意的发展表现为以下两个方面：一是随着婴儿活动范围的扩大和语言的发展，婴儿开始对一些事物进行主动探究，并能在语言的指令下去完成某件事情，此时婴儿对注意对象的选择都是有目的的，并为完成某种活动任务服务的，比如他们所进行的象征性游戏活动、看图书、听故事、看电视等；二是婴儿可以根据活动任务的要求，实现在记忆表象和现实生活之间的刺激转换，表现为对内部心理活动的有效监控，这表明婴儿不但能够对外部刺激进行主动选择，而且能够主动提取记忆信息为当前活动服务。比如婴儿的涂鸦活动，需要婴儿对记忆表象的提取；婴儿进行象征性模仿时的言语活动，表现出了婴儿对语言记忆内容的提取，无论是表象提取还是语言提取，都是紧紧围绕当前他们所进行的活动而进行的，这些事实说明，婴儿主动的受意识支配的有意注意开始出现。

四、婴儿注意能力的建构

注意作为认知活动的伴随状态，虽然本身不能单独实现对外界刺激的反应，但对于所伴随的认知活动却具有不可或缺的作用，脱离注意的伴随，任何一种认知活动都难以进行。注意的发生和发展不是由有机体的生理成熟所决定，而是在于后天的锻炼和习得，因此注意能力可以通过有意的训练使之得到提高。对于婴儿来说，对注意能力的训练，其主要目的是为其以后注意的良好发展奠定基础，同时也为避免幼儿时期出现多动障碍做好预防。多动症是日常生活中人们经常听说的一个词，但对其不一定有更深入的了解。其实多动症儿童的病根并不是外在的多动行为表现，而是注意力缺陷，因此多动症也被称为注意缺陷多动障碍。这种病症多发于幼儿时期，主要表现为与年龄和发育水平不相称的注意力不易集中、注意广度缩小、注意时间短暂，不分场合的活动过多、情绪易冲动等，并常伴有认知障碍和学习困难。对于幼儿的多动障碍，排除某种生理因素的影响，其中很大程度上受婴儿时期注意的发展状况及对注意能力的培养训练影响。对于婴儿注意能力的培养训练主要应做到以下几个方面。

遵守婴儿注意发展规律。对于婴儿注意能力的培养训练，决不能按照成人的主观意愿和想法来进行，一定要在遵守婴儿注意发展规律上来进行，否则不但起不到培养训练的作用，还很有可能对婴儿注意能力造成损伤。婴儿前期以无意注意为主，此时婴儿主要表现为对周围新鲜刺激的注意指向，因此，我们可以通过环境营造，为婴儿多提供一些他们所能接受的新鲜刺激，以视觉和听觉刺激为主，并安排不同方位呈现，以此来训练婴儿的注意指向能力。同时，此时婴儿的注意保持时间比较短，注意的稳定性差，因此可以通过刺激物的多种变化，以吸引婴儿的注意，以此来训练婴儿的注意集中能力。婴儿后期开始建立起有意注意能力，婴儿可以根据活动任务要求，有意识地把注意指向某种刺激物并在上面加以集中。此时，可以通过安排一些婴儿能够接受并能执行的活动，在活动过程中布置一些任务让婴儿去完成，以此来训练婴儿的有意注意能力。因为，婴儿在完成活动过程中，始终都要有目的地把注意指向并集中在活动上面，从而做出合适的行为，并实现行为动作之间的有效衔接，其间可能还会因为某种干扰和阻碍影响活动的进行，这就需要婴儿付出意志努力去排除影响，继续活动，这样就使他们的有意注意能力得到有效的训练。

注重婴儿注意习惯养成。由于注意是伴随其他认知活动而存在的，因此训练婴儿养成良好的注意习惯，可以通过训练婴儿养成良好的认知习惯入手，已达到注意习惯养成的目的。婴儿最初的认知性活动就是操作性游戏活动，通过此类活动实现对各种事物及其特征和功能的认识，完成此功能的载体就是各种玩具及拼图等。有些婴儿在游戏过程中会表现出某些不良行为，比如不能相对较长时间玩一种玩具，丢了这个捡那个，经常把不同类玩具乱丢在一起，而且很快会失去对玩具的兴趣。这些表现表明婴儿不能有效地将注意进行集中，缺乏良好的游戏习惯。因此，我们在婴儿游戏时要尽量陪伴，并通过协助与指导婴儿的游戏行为，以此来帮助婴儿尽量长时间地去玩一种玩具，并在一种游戏结束后，对玩具进行合理放置，不要胡乱丢弃，慢慢就会帮助婴儿养成一种良好的游戏习惯。到婴儿后期，婴儿可以主动地去看图画书、动画片、听讲故事等，在他们做这些活动时，我们要让他们具有合适的坐姿，以便养成良好的用眼和用耳习惯，同时手里不要再有其他的分心刺激物，最重要的是不要让这些活动和某种不相关的活动一起进行，比如一边吃饭一边看图画书或电视，一边进行游戏一边听故事，这都不利于婴儿良好注意习惯的养成。我们要他们养成一种一定时间内只做一件事的习惯，这样才能使他们在单位时间内把注意专注于一个事件，从而养成良好的注意习惯。

采用简便易行训练方法。根据婴儿注意发展规律及特征的事实，培养训练婴儿的注意不必采用多么科学严谨的方法，一则婴儿可能难以接受，二则可能不见得如对更大的儿童般有效，因此，对婴儿注意培养训练的方法，一是要紧密结合婴儿生活，二是要简便易行易被婴儿接受，这样才能收到良好效果。既然是有意的培养训练，就要针对注意的品质入手，使婴儿从小就拥有良好的注意品质。针对注意广度方面，可以同时给婴儿呈现不同数目的刺激，比如小圆点、图形、数字、实物等，每次呈现时使刺激物的数目逐步增加，并让婴儿点数有多少个刺激，这样随着刺激数目的增加，婴儿就会随着训练的深入，逐步使自己注意的广度得以扩大。针对注意稳定性方面，可以采用成人和婴儿一起游戏的方式来进行，游戏的名称可以叫作"看谁坚持的时间长"。此种游戏可以随时随地来进行，比如共同选择一个目标，比一比看谁注视的时间长；一起坐在桌前，比一比看谁坐的时间长；一起玩一个玩具，比一比看谁玩的时间长；共同画一样东西，比一比看谁画的多等等，通过这些方式主要是训练婴儿的坚持性，坚持性有了，注意的稳定性自然就会增强。针对注意分配方面，可以结合早期阅读来进行，找到一本婴儿喜欢的图画书，让婴儿一边翻看，一边听成人的讲解，并不时地对婴儿进行提问，以检测婴儿是否看到和听到相关信息，二者是否同步进行。也可使用需要手眼配合、双手配合或手脚配合的游戏活动，训练婴儿多感官注意分配使用的能力。针对注意转移方面，可以采用"找不同"或"找相同"的游戏来进行，给婴儿呈现两幅图画，图画内容都是婴儿经常接触的事物，让婴儿在两幅图画中找出都有哪些不同或相同来，以此训练婴儿在任务要求下在两幅图画间的注意转移。

尊重婴儿兴趣科学引导。婴儿注意的一个重要特征就是受兴趣左右，对于他们感兴趣的事物不但会优先选择，而且还会长时间集中注意，因此培养训练婴儿的注意应从培养婴儿正确的兴趣入手。首先，合理采取措施，激活婴儿兴趣。婴儿对于刚刚接触的陌生世界，可以说对一切事物都充满了好奇，我们就要利用这种好奇，带领婴儿去接触更多的新颖的刺激，以激发起他们对各种事物的兴趣。最简单也是最好的方式，就是让婴儿走进大自然的怀抱，大自然拥有丰富多彩的刺激，充满了神秘感，只有在大自然里才能充分满足婴儿的好奇心和探究的欲望。对自然界的事物有了兴趣，才会对人类社会生活的事物产生兴趣，试想一个从小对什么事物都不感兴趣的婴儿，长大之后怎么会对各种事情产生注意。其次，充分尊重选择，保持婴儿兴趣。婴儿在成长过程中，会形成各种各样的兴趣，这些兴趣本身并没有什么好坏之分，只要其不影响婴儿的正常发展，就应该得到成人的充分尊重，使这种兴趣保持下去。一个人只有在做自己感兴趣的事情，才会体验到快乐，并能够在此过程中保持稳定高效的注意。因此，在日常生活中我们要善于观察，准确把握婴儿的兴趣所在，对于他们的兴趣不要因为某种成人的想法而不予认可，甚至粗暴地干涉，这样不但会损伤婴儿的兴趣，而且不利于注意的培养，试想一个婴儿从小就一直不能按自己的兴趣做事，怎么会在做事的过程中有稳定高效的注意。再次，科学规划利用，引导婴儿兴趣。随着婴儿心理发展的进步，各种能力的产生，生活内容的丰富，他们的兴趣会不断发生变化，在此过程中，我们要随时注意到婴儿兴趣的转变，并进行科学规划，合理引导婴儿兴趣的发展。最重要的就是要帮助婴儿营造一种兴趣自然过渡，有效衔接的生活环境，使婴儿可以比较自然顺畅地实现兴趣的转移，这样才能有效地利用婴儿先前的兴趣优势，使之在后续的兴趣活动中，同样具有良好的注意表现。

第3章

婴儿的记忆

一、婴儿记忆的内涵

记忆的概念。记忆是指过去经历过的事物在人脑中的反映。它不是对当前的反映，而是对过去的反映。当刺激物停止对人的作用后，它并不会立即消失，而是会在人脑中留下一个印象，当在某种条件作用下，人们还能使其在人脑中得到恢复，就如刺激物再次作用一样，这种在人脑中保留和重现过去经历过事物的过程就是记忆。

人的记忆可以通过多种形式表现出来，这些不同的表现形式就是不同类型的记忆。根据记忆内容的不同可以把记忆分为形象记忆、动作记忆、情绪记忆、情景记忆、语义记忆；根据人们对信息加工和存储方式的不同可以把记忆分为陈述性记忆与程序性记忆。陈述性记忆是对各种事实信息的记忆，这些事实包括人名、地名、时间、事件、定义、公式、法则等，主要以语言、文字等符号来表示。程序性记忆是对某种操作性活动程序的记忆，包括智力操作程序和动作操作程序，是以产生式系统的方式表征操作程序；根据记忆时意识参与的程度可以把记忆分为外显记忆与内隐记忆，外显记忆是指人主动从记忆经验中搜寻相关信息来完成当前的任务要求，它强调的是信息提取时的有意识性。内隐记忆是指人的记忆经验自动地对当前的任务所发生影响的记忆，它强调的是信息提取时的无意识性；根据记忆指向的不同可以把记忆分为回溯记忆与前瞻记忆，回溯记忆就是人们对过去经验的记忆，前瞻记忆是指对将来某个特定时间要做某件事情的记忆。

人的记忆系统具有一定的结构性，这个结构由瞬时记忆、短时记忆和长时记忆所组成，三种记忆在信息的存储时间、存储容量和信息编码方式上都具有不同性。瞬时记忆是指当感觉刺激停止作用后头脑中仍能保持瞬间映像的记忆。瞬时记忆对信息保留的时间仅有 0.25 - 2 秒钟，存储容量相当大，几乎作用于人体感官的所有刺激都能得到瞬时登记，但由于时间过于短暂，人根本来不及对信息进行更深入的加工和编码，只是按照刺激物的原有物理特征进行反应。短时记忆是记忆系统的中间部分，在整个记忆结构中起着承上启下的作用。短时记忆的信息存储时间大约为 1 分钟，信息存储容量有限，为 7 ± 2 个组块，信息编码方式有视觉编码、听觉编码、抽象符号编码等多种形式。长时记忆是指对信息经过充分的和有一定深度的加工后，在头脑中长时间存储的记忆，凡是信息存储超过 1 分钟以上的都可以称为长时记忆，信息存储容量可以说是无限的，信息编码有多种形式，但最主要的是言语编码和表象编码。

记忆作为一种心理活动过程，从记到忆是一个动态信息加工过程，是通过识记、保持、再认或回忆三个环节来实现的，用信息加工的术语来说就是信息的编码、存储和提取。识记是对事物进行识别并记住的过程，它是记忆过程的开始，只有经过识别和记住的事物才有可能成为记忆的内容得到进一步的加工。保持是把识记过的事物在头脑中储存和巩固的过程，它是记忆过程的中间环节，是实现再认和回忆的前提。再认与回忆是从记忆库中提取信息的活动，是记忆过程的最后环节，记忆的好坏是通过这一环节体现出来的。再认是当识记过的事物再次出现时个体能够把其识别出来的活动。回忆是过去识记过的事物不在时，在脑中对其进行搜索的活动。

生活中人们的记忆表现具有明显的个体差异，人们会根据这些差异来评判一个人记忆的好与坏，实际上人们的记忆不存在好与坏的区分，只是人们在记忆的不同方面表现不同而已，这些不同是通过记忆的品质体现出来的，主要包括记忆的敏捷性，即记忆的快慢问题；记忆的持久性，即记忆信息保持时间长短的问题；记忆的准确性，即记忆信息准不准的问题；记忆的准备性，即应用记忆信息时提取快慢与准确与否的问题。

婴儿记忆的测定。关于婴儿记忆最关键的问题就是婴儿是否具有任何的记忆能力，这个问题对于很多人来说，初听起来可能会很快给出答案，他们可能会说"这么小的孩子能记住什么"，但仔细想想，可能发现这种回答是不对的，因为在婴儿成长的过程中，我们很难说他没有记忆能力。婴儿成长阶段的很多事实向人们证明，婴儿是有记忆能力的，比如婴儿6个月时的认生行为，表明他们已经能够记住熟悉的面孔，因此才能对新的陌生面孔做出区分；婴儿的动作发展表明，婴儿必须记住先前的动作经验，然后才能建立新的更高级的动作；婴儿的语言发展表明，婴儿会说话之前肯定记住了先前所听到的人类语言的特征，不然怎么会在 3 岁之前基本上掌握了人类的口语。这些事实的存在，使人们从逻辑上相信婴儿是有记忆能力的，但为什么还有很多人对此问题产生怀疑呢？实际上让人们怀疑的是年龄更小的婴儿，比如新生儿是否具有记忆能力，因为人们不知道用什么办法能知道新生儿具有记忆能力，可见，找到测定婴儿记忆的手段和方法是多么的重要。对于新生儿具有记忆能力进行测定的最有力手段就是习惯化方法，在第一章所述的习惯化和去习惯化研究方法中，新生儿能够对重复出现的刺激视为熟悉的，进而产生习惯化，就表明他能够记住此刺激，并能够在它重复出现时加以再认。此外，利用条件反射方法进行实验，发现新生儿很快就能建立相应的条件反射，表明他们能够记住信号刺激或条件刺激，并在信号刺激与自身反应之间建立起联系，形成相应的技能。对于稍长的婴儿采用延迟模仿和物品搜寻实验，不但测定出他们具有一定的再认能力，而且表现出一定的回忆能力。这些测定方法被研究者反复使用和改进，其结论都支持婴儿具有记忆能力，即便是新生儿也一样具有初步的记忆能力。

婴儿记忆的特征。婴儿阶段尽管有记忆能力，但由于属于记忆的初级阶段，其记忆表现无论是在记忆类型上、记忆结构上还是记忆过程上都明显不同于成人期的记忆，其特征主要表现为以下几个方面。

记忆内容简单，编码形象化。婴儿前期由于生活环境相对简单，接触事物有限，因此记忆内容主要以其经常接触的事物为主，例如吃过的食物、玩过的东西、身边的主要照料者、自己的生活用品等。婴儿后期，由于能够独立行走，活动范围扩大，接触的事物开始逐渐增多，记忆内容也变得逐渐丰富，同时，由于语言的发展，语言符号开始成为其主要的记忆内容，并在此基础上能够记忆一些图形、数字等抽象符号。

婴儿对记忆内容的编码非常具体，具有形象化的特征，他们会把同类事物的不同个体当作同一个记忆，出现记忆的混淆，把多次出现的同一事物当作不同的事物记忆，出现记忆的错位，他们很难在各种记忆内容之间建立起结构化的联系，对于语言的记忆也停留在口语水平，很难达到抽象的水平。

保持时间延长，存储碎片化。婴儿对信息的保持从一开始就表现出比较强的能力，研究者通过研究发现，3个月的婴儿能将形成的操作性条件反射保持长达两个星期以上，5个月的婴儿对一张仅注视两分钟的照片也可以在两个星期后加以再认，对于像母亲面孔这种经常出现的刺激其记忆时间会延续更长。对于新生儿来说，能够对信息保持两个星期，已经是不错的成就了，即便是成人有时对一些信息也很难保持两个星期，更何况新生儿的大脑还尚未发育成熟，其记忆机制还未能完全发挥作用，更不会主动去采用什么记忆策略来辅助记忆。随着年龄增长，到婴儿后期其记忆保持的时间会逐渐增长。总体来看，相比于成人的长时记忆来说，婴儿阶段的记忆保持还是相对短暂的，他们不能对保持信息进行进一步的更精细加工，这就导致其记忆内容呈现碎片化的特征，记忆信息不是一个整体，表现为随刺激的性质和情境而发生变化。

再认相对容易，回忆困难化。记忆信息的提取分为再认和回忆两个环节，两个环节的难易程度不同，这在婴儿对记忆信息的提取上同样有所表现。新生儿对重复呈现的刺激可以很快建立习惯化反应，就是因为他对刺激实现了再认。随着发展，年长婴儿的再认行为变得更为复杂，对于熟悉的或以前经历过的客体与事件，表现出更明显的再认特征，且促发进一步的提取，他们可能更仔细和努力地回忆更多有关该再认刺激的信息。相比于此，新生儿的再认是粗略而梗概的，更类似于较低级的有机体所具有的那种再认过程。再认之所以相对容易，是因为刺激物的再次出现，只需要个体的一种识别过程，而回忆就相对难一些，一是刺激物没有再次出现，二是需要个体进行一种搜索。尽管回忆较难，但新近的研究发现很小的婴儿也具有一定的回忆能力。例如，9个月的婴儿可以在24小时后对行为榜样进行延迟模仿，表现出某种见不到的客体仍然继续存在的认识，日常生活中观察到，婴儿在经过一段时间后仍然记得熟悉物体通常所处的位置等。

二、婴儿记忆的意义

婴儿心理生活的基本条件。人的心理系统由多种心理活动来构成，每一种心理活动都具有不可替代的作用，更不能缺失，否则人的心理结构就是不完整的。记忆作为一种基本的心理过程，是和其他心理活动紧密联系在一起的，在人的心理系统中具有承上启下的作用。人通过感知觉活动与外界接触，并把信息反映到人脑当中，只有经过记忆才能使这些信息加以保留，而这些保留的信息对后继的想象与思维活动的进行，起着支撑与促进作用，因此，记忆与其他心理活动是相辅相成，互不可分的关系。对于刚出生的新生儿来说，从一个完全黑暗的世界来到一个光明的世界，其周围的所有事物都是全新而陌生的，在这样一个陌生的世界里，婴儿难免惶恐与不知所措，但为了生存，婴儿必须学会面对，而能够帮助他们从陌生走向熟悉，从被动应付走向主动反应的就是他们的记忆。在记忆的帮助下，婴儿对各种感觉属性有了认识，并通过产生习惯化和去习惯化对感觉属性进行区分，随着感觉经验的增多，婴儿开始能够把孤立的感觉属性进行整合并和具体的事物联系在一起，进而发展起知觉活动。在知觉活动进行时，先前通过记忆积累的有关各种事物的经验，同样会对知觉活动起到帮助作用，以使知觉活动能够更顺利地完成。随着记忆经验的增多，婴儿开始逐步摆脱外物的束缚，尝试着利用存储在大脑中记忆的信息去应对外界刺激，并可以通过对记忆信息进行加工创造出新的内容，并利用这些新的经验去解决问题，表现出新的行为，实现心理活动由感觉和知觉向想象和思维的过渡。由此看出，在婴儿期所表现出来的那些基本记忆功能，对婴儿整个心理生活的存在都具有非常重要的基础作用。正如俄国生理学家谢切诺夫（Seehenov Wan Mikhaillovich）说过："一切智慧的根源都在于记忆，记忆是整个心理生活的基本条件。"这一论断早在婴儿阶段就非常明显地体现出来。

婴儿心理发展的先决条件。婴儿阶段是人身心发展的初级阶段，其身心各方面发展的状况都会对后续的发展产生重要的影响。决定个体身心发展的因素包括遗传素质和环境影响两个方面。遗传素质为个体的发展提供了必备的生理基础，这些生理基础对个体身心发展功能的发挥主要在于生理成熟的水平，当某种生理机能达到成熟水平后，就意味着某种新的心理机能的产生，但这种生理成熟仅仅是为个体身心的发展提供了可能性，要想把这种可能性变为现实，关键在于后天环境的作用。个体只有通过参加实践活动，实现与环境的互动，接受环境刺激的作用，才能在这些刺激的作用下使遗传素质发挥作用，促进个体的身心发展。环境刺激的作用之所以能够变身心发展的可能性为现实性，就是因为环境刺激被作为一种经验而积累，并在积累经验的基础上产生新的学习能力，而任何经验的积累和新的学习能力的出现都离不开记忆。婴儿每天都会接触到一些新的刺激，并随着年龄增长，接触的刺激会越来越丰富，对于这些刺激，婴儿必须能够记住，然后才能随着刺激积累的增多，逐渐把它们转化为自己的经验，从而对身心发展发挥作用。婴儿如果做不到这一点，对于接触的刺激完全记不住，就谈不上经验的积累，更不会产生新的学习能力，就如谢切诺夫说的一样："永远处在新生儿的状况。"如果真是这样，人的心理就不能建立，人也就不能向前发展。可见，记忆作为一种内隐的心理活动，对于婴儿来说，不管其记忆是否完全处于意识水平之上，但我们却可以发现它在婴儿身心发展的各个方面的确存在，并发挥着作用，例如婴儿的动作发展，婴儿从刚开始的只能躺着，到会抬头、翻身、直坐、爬行、站立、行走的一系列动作的获得，每一项新的动作的建立都有赖于记忆对先前动作经验的保留，否则动作不能得以向前发展，包括语言发展及其他认知活动的发展，无不有赖于记忆的作用。

婴儿社会性发展的关键条件。人作为一种社会性动物，出生之后必须与人生活在一起，接受人类社会生活的影响，在逐步完成社会化的过程中才能实现身心的正常发展。其中，个体社会性的发展尤其如此，所谓社会性的发展就是形成人所特有的社会性行为，包括人的高级情感、自我意识、个性倾向性、个性心理特征、道德行为、亲社会行为等。这些社会性行为的发展都不是个体先天遗传的，都取决于后天环境的影响。婴儿自出生后，在与周围人的不断接触和互动过程中，在记忆的帮助下，不断内化人类的社会生活经验，实现自己的社会性发展，其中记忆活动起着非常关键的作用。首先，母亲作为婴儿生活中的重要他人，从一开始就得到婴儿的注意和辨识，让他们牢牢记住的就是母亲的面孔,因为只有这张面孔的出现,才能给他们带来食物、带来爱抚和温暖。因此,每当婴儿依偎在母亲的怀抱吃奶的时候,眼睛总是紧盯着母亲的面孔进行注视,几乎一刻也不离开,这也许就是婴儿与人类最初的社会性联结。在对母亲面孔准确记忆的基础上,婴儿逐步能够实现对陌生人面孔的区分,并以此决定着与他人的互动关系。其次,作为人类情绪情感的外在表现形式——表情,也很早就得到婴儿的辨识并加以模仿。婴儿很早就对人类的表情比较敏感,并非常热衷于模仿人的表情,这种对表情的模仿就是发展人类情绪情感的基础,到了婴儿后期,他们不但能够准确地识别不同的表情,而且能够根据表情的不同来决定自己的反应,产生符合人类社会要求的合适的社会性行为。再次,婴儿在与人的接触和互动过程中,对于成人所发出的指令,提出的要求,会作为一种经验被不断地积累,这种积累起来的社会性经验逐步内化为对各种社会规则的掌握,并在其以后的生活中起到一种规范作用,进而形成和发展为一系列的社会性行为。

三、婴儿记忆能力的发展

人的记忆是一种复杂的心理活动,其发展是一个缓慢的过程,鉴于婴儿的记忆处于记忆发展的初级阶段,有关记忆的很多成分及特征还未产生或尚处在发展当中,因此很难对其进行完整的考察和分析,只能通过选取其记忆发展中所出现的标志性事件来进行考察和分析,以了解婴儿记忆的发展进程和规律。

胎儿的记忆。胎儿的听觉器官发育比较早,在胎儿后期就已经有了听觉能力,让研究者感兴趣的问题是,胎儿所听到的声音刺激在他们出生后是否能够加以识别，如果可以识别，就表明胎儿已经有了记忆。对这一问题的验证，仍然采用的是习惯化方法，其中被引用最多的研究资料是美国北卡罗林纳大学狄加斯帕（De Gaspar）所做的研究。狄加斯帕让 16 名分娩前一个半月的母亲给他们的孩子读故事并录音，故事的名字叫《戴帽子的猫》，读故事的时间积累共达 5 小时之久。待婴儿出生后，当他们吃奶的时候，就给他们播放各自母亲读故事的录音，结果发现，几乎所有的婴儿都喜欢《戴帽子的猫》的录音，而不喜欢其他故事的录音，这从他们的吮吸行为可以得到验证，即对《戴帽子的猫》的录音产生习惯化，对其他故事的录音产生去习惯化。狄加斯帕认为，这是婴儿的知觉选择受到出生前听觉经验的影响所致，用以证明胎儿已具有记忆能力。后续又有很多研究者采用习惯化方法，对音乐胎教进行研究，结果都发现胎儿期已有记忆，并在出生后表现了再认的能力。

客体永久性。婴儿出生后，能够证明婴儿具有记忆能力的客观事实是他们的客体永久性的建立。客体永久性的概念最初由皮业杰（Jean Piaget）提出，是指人对关于客体基本性质的内隐的常识信念。通俗地讲，就是我们知道任何客体都是客观存在的，不以我们是否与之相互作用，即使我们不能看到、听到、触摸到，客体也并没有消灭，它们依然是客观存在的。这种事实对于任何心智正常的成人来说并不是什么问题，但对于婴儿来说是否同样如此，是否从一开始他们就知道这个事实，还是以后才知道的，在什么时候知道的，这是引发研究者兴趣的一系列问题。皮亚杰最早对此问题进行研究，最初的研究设计很简单，就是让婴儿坐在桌前，在他的面前放一个玩具，使婴儿注视到玩具并试图去抓取，此时由另一名实验人员用一块布帘在玩具和婴儿之间进行遮挡,使婴儿看不到玩具,这时观察婴儿的反应。如果婴儿在玩具被遮挡后不再注视玩具所在的位置,而是将视线转移到别处,就说明婴儿不具有客体永久性,因为他们看不见玩具就认为玩具不存在了;如果此时婴儿仍然注视玩具所在的位置,甚至做出用手去拨弄布帘的动作,就表明他们已经有了客体永久性,因为他们知道玩具虽然看不见了,但并没有消失,就在布帘的后面,所以才会做出搜寻的动作。皮亚杰通过研究发现,婴儿大约在8-9个月的时候才具有此能力,更小的婴儿不具备此能力。但后续的研究者采用习惯化和去习惯化的方法研究证实,大约四个半月的婴儿就已经具备客体永久性的能力。客体永久性的建立,说明婴儿能够记住曾经作用于他们的客体,表现出明显的记忆能力。

延迟模仿行为。婴儿很早就具有模仿能力,比如由最初模仿成人的表情、动作,到婴儿后期模仿成人的说话、行为等,这些模仿行为很多都具有此时此地的特征,即在看到或听到成人的刺激后所做出的一种即时反应,这种反应只说明亲子互动之间的刺激相互引发,或者说婴儿具有一定的学习能力,不能证明婴儿具有记忆能力。但是,婴儿除了具有即时模仿能力外,还具有另外一种模仿能力,即延迟模仿能力,也正是这种模仿能力可以很好地证明婴儿具有记忆能力。所谓延迟模仿就是指婴儿在看到或听到某种刺激后,不能在当时做出模仿,但在间隔一段时间后,可以做出模仿的行为。这种模仿能力在婴儿后期表现得更为明显,皮亚杰认为,18-24个月的婴儿才能进行延迟模仿,年龄更小的婴儿做不到,因为他们还不能在脑内形成有关刺激的表象。对于婴儿的延迟模仿,之所以在婴儿后期才得以表现,我们不难推断其原因,那就是婴儿后期所接触的事物或事件相比于婴儿前期更为复杂和抽象,因此婴儿很难做到在当时就进行模仿，因为他们还不具备这么强的信息加工能力，他们必须对刺激信息经过一段时间的加工后，然后才能加以模仿。这就恰恰证明了婴儿记忆能力的存在和发展，因为他们首先必须记住相关的刺激信息，并能够保持足够长的时间，然后才能对信息进行进一步的加工，如果婴儿什么都记不住或是很快就忘记，就谈不上所表现出来的延迟模仿行为了，婴儿不可能做出无中生有的行为。婴儿延迟模仿的关键在于婴儿对记忆内容保持时间的延长，说明婴儿的记忆得到进一步的发展。

搜寻隐藏物体。婴儿记忆发展表现最为明显的就是他们的再认能力，这在婴儿很小的时候就得以充分体现，但是婴儿是否具有回忆能力呢？因为记忆不仅表现为对事物的再认，更为重要的是对事物的回忆。关于婴儿是否有回忆能力的问题，研究者们的意见也存在分歧。皮亚杰认为，18个月之前的婴儿不具有回忆能力，因为他们不具备符号表征的能力，而符号表征能力是进行回忆的前提。近年来的研究对皮亚杰的结论进行了抨击，依据是研究发现大约8-9个月的婴儿就开始可靠地搜寻被藏起来的物品，这说明他们已经具有了符号表征能力。实际上，婴儿的延迟模仿也在一定程度上说明婴儿具有符号表征能力，并能够在没有刺激线索的情况下加以信息提取进行模仿。对于婴儿的回忆能力进行研究的传统实验设计是给婴儿看一个房间模型，房间里面有很多摆设，然后在婴儿看到的情况下在某处隐藏一个东西，而后把婴儿带到一个和房间模型完全一样的房间，摆设也相同，观察婴儿是否会到与模型房间相同的地方寻找隐藏的物体。如果婴儿可以做到这一点，就说明他们对模型房间进行了符号表征，并能在真实的房间内根据对符号表征的回忆来支配自己的搜寻行为。很多类似的研究证实，1－1.5 岁的婴儿具有了回忆能力。2－3 岁婴儿的回忆能力表现更为明显，他们在生活中可以帮助成人找出早些时候放置不见的物品，能够用口语复述几个月前发生的事件等。回忆能力的出现，表明婴儿的记忆开始由短时记忆向长时记忆转化，这不仅仅是记忆保持时间增长的问题，更是涉及记忆内容的编码和提取问题，说明婴儿的记忆开始逐步发展完善。

婴儿健忘症。 无论是日常生活中人们的发现，还是研究者的研究证实，婴儿很早就拥有了记忆能力，这是普遍存在的事实，而且很多时候婴儿还表现出惊人的记忆能力，他们不但能够再认事物，而且还能够进行回忆。但令人们困惑不解的一个问题是：既然婴儿具有记忆能力，那为什么我们几乎每个人都很难回忆起 3 岁之前的事呢？似乎我们 3 岁之前的记忆和之后的记忆是两种记忆，彼此没有任何联系，而这与人的心理发展是连续的过程相矛盾，难道我们的心理断节了？这种现象被称为"婴儿健忘症"，即人们很难回忆起 3 岁之前的事情，虽然不能回忆，但不能说没有发生，更不能说当时没有记忆。既然发生了，又有记忆，那为什么会回忆不出来，对于此问题就连研究者也说不清楚，可以说到目前为止，这仍然是一个未解的谜团，还有待于研究者的继续努力研究。尽管说不清楚，但不是没有解释，关于此问题，研究者主要从以下几个方面给出了解释：从生理角度，认为婴儿期大脑前额皮层不成熟，因此不能将刺激转化为长时记忆；从记忆容量角度，婴儿的短时记忆容量有限，编码不充分，因此信息不能转入长时记忆；从记忆信息性质角度，婴儿期记忆以具体刺激为主，幼儿阶段以后记忆以抽象符号为主，两种记忆系统之间存在质的差异；从自我发展角度，婴儿期自我意识未建立，缺乏自我认识以将经历刺激嵌入早期记忆，即你不知道在你身上发生的事就是自己的事；从社会支持角度，缺乏分享和复述记忆的社会支持系统，即你找不到一个和你具有同样经历的同龄个体进行相互交流分享。这些解释还都只是推论，还有待于进一步的实验研究加以证实。"婴儿健忘症"的存在，是进化的一种适应选择，还是记忆发展的天然缺陷，对于人来说是幸还是不幸，就留待我们自己去思考吧！

四、婴儿记忆能力的建构

如何帮助婴儿建构记忆，促进婴儿记忆能力的提高，可能是每个家长都比较关心的问题，但实际操作过程中又不知如何入手，因为婴儿的记忆刚刚起步，知识经验又很少，对于成人的要求又往往难以执行，因此，使人感觉到很难去有意地对婴儿的记忆进行建构。实际上，对于建构婴儿记忆的问题，其实并不难，只是由于我们把它想得太复杂，抱有较高的期望所致，只要我们把握婴儿记忆发展的特点和规律，顺其自然，建构婴儿的记忆就是顺理成章的事。

利用无意识记。记忆的第一个环节就是识记，所谓识记就是识别和记住，相当于对刺激信息的感觉登记和最初编码。识记的前提是有刺激作用于个体，刺激哪里来，就是来自个体与周围环境的接触与相互作用，没有这一过程，也就谈不上识记问题。识记分为无意识记和有意识记，无意识记就是指没有明确目的，也不需要付出意志努力的识记，即对于所经历过事件的不知不觉的记忆。无意识记的事实对于我们建构婴儿的记忆具有很大的启示，那就是可以利用无意识记，来建构婴儿的记忆。比如在家里要营造一种具有丰富刺激的环境，比如墙壁的色彩、图案要丰富，提供多样的玩具，成人与婴儿要有动作、表情及言语的经常互动等；同时，要多带婴儿外出，为婴儿创造接触更为丰富自然刺激的机会，在这一过程中不需要成人有意地去做什么，只要我们把婴儿带到某种环境中，让婴儿自己去看、去听、去触摸、去闻、去尝，这些经历就会成为他们识记的源泉，就会成为建构他们记忆的触发器。

引导有意识记。有意识记是指具有明确识记目的，需要付出意志努力，并采用某种方法进行的识记。对于婴儿来说，虽然很难做到这一点，但我们可以利用婴儿对于外界事物的好奇心，喜欢探索的特征，有意识地引导他们进行有意识记活动。比如，在婴儿接触到某种新的事物时，可以用语言对其进行命名，并配以动作指点，使婴儿能够把刺激与语言及动作进行联合，随着婴儿语言的发展，婴儿每当再接触到过去的事物或新的事物，他们就会开始试图自己去对事物进行命名，建立起有意识记的倾向。到了婴儿后期，婴儿的语言能力已经比较完善，此时就可以引导他们去识记一些图形、数字、抽象的符号等，但绝不能出于某种目的，对婴儿的识记活动提出过高的要求，甚至规定任务，强迫婴儿去识记。这样做不但不符合婴儿记忆发展的规律，而且会损伤婴儿的正常记忆发展，使他们过早地丧失记忆的兴趣和信心。对于婴儿记忆的建构，我们应该始终把握一个原则，那就是不在于他们记住了多少，而是只要他们去记了就可以了。

通过游戏进行。建构婴儿的记忆，不能采用正规的认知教育的方式来进行，因为婴儿还不具备接受正规认知教育的能力，因此这种方式是他们难以接受的，同时也是他们不喜欢的。婴儿的天性是喜欢游戏，因此建构婴儿的记忆可以采用游戏的方式来进行，游戏的方式不但被婴儿喜欢，而且不会给婴儿带来记忆的负担。比如物品匹配游戏，就是给婴儿提供很多物品，其中很多物品是可以匹配在一起的，然后引导婴儿自己去匹配，这样就能够训练婴儿对各种物品特征的记忆，并以此为基础建构起物品之间的联系；再比如命名游戏活动，给婴儿出示某个物品，然后说出某个词，引发婴儿说出其他的与该物品有关的词，通过不断更换新词，激发婴儿说出更多的词，从而使婴儿建构起对同一事物的多种语词联系。类似的游戏还有很多，只要能引起婴儿的兴趣，使他们乐于参与其中，就可以拿来使用建构婴儿的记忆。

关注孩子兴趣。帮助婴儿建构记忆，一定要以婴儿的兴趣为核心，决不能以成人的兴趣为核心，那就是婴儿喜欢记什么就让他们记什么，而不是成人认为该记什么而让婴儿去记什么。提出此问题，是因为在现实生活中有太多的家长就是如此操作的，他们不顾孩子是否喜欢，就强硬地让孩子去记一些他们认为很必要的东西，比如背什么三字经、百家姓、千字文、唐诗三百首等，即便孩子不愿意去背，也会强迫他们去背，根本不考虑孩子的兴趣。这种不顾孩子兴趣的做法，不但会使孩子反感，而且记忆的效果也不好，因为这种记忆只具有即时效应，而不会对个体记忆的发展具有长期效应，所以我们会看到即使小时候背的东西再多，长大之后也会忘得一干二净。人只有对自己感兴趣的事物才会认真去记，尤其在婴儿阶段所感兴趣的事物，也许就预示了他日后所从事的职业，因此，建构婴儿的记忆，一定要在尊重婴儿的兴趣基础上来进行。

第4章

婴儿的思维

一、婴儿思维的内涵

思维的概念。思维是指人脑对客观事物本质属性及内在规律的概括的和间接的反映。作为一种高级的认识活动，思维反映的是事物的本质属性和事物之间规律性的联系。思维的两个主要特征是概括性和间接性。所谓概括性就是通过抽取事物的共有特征和彼此之间的必然联系来对事物进行反映。一是对同一类事物的本质属性进行概括，另一是对事物之间的规律性联系进行概括。思维的间接性是指思维的进行必须借助于一定的知识经验或是媒介来实现对事物的反映。由于思维反映的内容是隐含在事物内部的本质属性和规律，因此无法直接来获取，必须借助于相关的知识经验并以某种媒介为手段来实现认识。通过思维这种高级的认识活动，使人们获得了对于事物本质属性及规律的反映，使人们的认识从事物表面深入到了内部，从现象看到了本质，进而实现了对事物的真正认识，最终使人们实现了从感性认识上升到理性认识。

思维作为一种抽象的认识活动，其实现主要是在大脑中借助于对各种抽象符号的操作来进行，这些抽象的符号可以是表象化的视觉、听觉、触觉等形象，可以是某种具体动作的表象模式，可以是某些情绪记忆的主观体验，但最主要的符号就是语言，人们不但可以直接利用语言来进行思维活动，而且可以把其他的符号转化为语言来进行思维活动，因此，语言符号在思维活动中发挥着巨大的作用。

根据不同的划分标准，可以把思维分为不同的种类。根据思维进行时是以什么为中介物来对思维进行划分，分为动作思维、形象思维、抽象思维；根据思维活动探求问题的方向及所要问题答案的多少来对思维进行划分，分为聚合思维和发散思维；根据思维活动进行时主动性的多少及思维产品的创造性程度来对思维进行划分，分为常规思维与创造思维；根据思维活动进行时是否有严密的逻辑步骤和明晰的意识来对思维进行划分，分为分析思维与直觉思维。

思维作为一种高级认识活动，实现了对客观事物本质属性和规律性联系的揭示，使人的认识由感性上升到理性，这一过程的实现是通过个体大脑内部复杂的思维操作来实现的，思维的具体操作过程主要包括分析与综合、比较与归类、抽象与概括、具体化与系统化。

一个人的思维活动好与不好主要是通过思维的品质体现出来，良好的思维品质主要体现为：思维的广阔性与深刻性、思维的独立性与批判性、思维的敏捷性与灵活性、思维的逻辑性与创造性。

婴儿思维产生的机制。思维是人类认识过程的核心，其发生较晚，成熟较慢，一直到25岁以后才能完全成熟。婴儿阶段，思维活动处于刚刚起步阶段，虽显得稚嫩，但绝不是没有表现，因为婴儿很早就发展起了思维产生的机制，通过机制的不断完善和发展，使思维得以产生和进步。此机制主要通过以下两个方面来实现：

首先，通过内化实现主客体的相互作用。婴儿自出生后就开始与环境接触，接受各种刺激的作用，但不是有刺激的作用，婴儿就能立刻知道刺激的性质，揭示刺激的意义，这需要通过内化才能得以实现。内化是发展心理学中常用到的术语，一直以来都被发展心理学家所重视，尤其是皮亚杰和维果斯基（Lov Vygotsky）更加看重内化在婴儿心理发展中的作用。所谓内化，通俗的理解就是把外部的变为内部的过程，即主体把外部世界向内部世界在观念上的转化。对于婴儿来说，外部世界由最初的完全陌生，逐步发展为渐次熟悉，就是通过自己的内化作用来实现。外部世界的所有事物不会自动进入到婴儿的大脑，成为他们心理活动的内容，同时，婴儿对于所接触的外部刺激也只是机械重复，不能实现对其内化，那么就谈不上婴儿的心理发展问题。皮亚杰认为婴儿最初内化的就是具体的感知运动活动，尽管这种感知运动比较简单，但要想实现与外界客体的匹配，也是需要缓慢的过程，这就需要婴儿要不断地去接触刺激并进行不断的练习，才能最终实现运动活动的内化，即在头脑中形成关于某种运动技能的图式，图式就会成为婴儿以后活动的认知工具。维果斯基认为婴儿内化的是人类的社会文化历史经验，因为在这些社会文化历史经验中蕴含着人类的智慧和才能，婴儿通过与人接触实现对这些经验的内化，进而将其转变为自身的观念和思想，同样成为婴儿以后活动的认知工具。

其次，通过表征实现客体的符号化。婴儿在对外部世界实现内化的过程中，不是把客体直接搬进脑中，而是通过编码的心理加工活动，使客体变为自己能够接受的心理的东西，这种心理的东西就是一种符号，符号所代表的就是婴儿所内化的客体。发展心理学上，把这种通过内化作用实现对客体符号化的过程叫作表征过程，表征就是信息在个体心理活动中的存在和记载的方式。外部客体在心理活动中的信息表征可以是动作、形象、语词等多种形式，但不管是何种形式，它们都是客体的心理符号，代表客体但不等同于客体。婴儿建立符号表征后，就会利用这些表征符号来实现对事物的认识，指导自己的活动，进而实现多种心理活动的关联，形成和发展更高级的心理图式。比如，婴儿对自己喝奶的奶瓶，经过多次后就会建立起符号表征，即奶瓶代表食物，看见奶瓶就等于看见食物，此时是两种具体刺激物之间的关联，在以后的象征性游戏中，婴儿用其他物品代替奶瓶给玩具娃娃喂奶，此时婴儿脑中的符号表征进一步深化，即表征的不单纯是某个具体事物，而是表征事物的功能，此时是事物与事物功能之间的关联。这种逐步丰富和复杂化的符号表征的建立，以及应用符号表征的能力增强，都为婴儿思维的发展奠定了基础。婴儿建立符号表征的顺序为动作表征、表象表征、语词表征，运用的时候也基本按此顺序进行，因而其思维的发展表现为从直观动作思维到具体形象思维再到抽象逻辑思维。

婴儿思维的特征。婴儿思维与成人思维相比，无论是在内容还是在过程上都显得过于简单和肤浅，具有一定的刻板性和狭隘性，具体特征可以概括为以下几个方面：

直观动作思维为主。婴儿最先发展起来的思维活动就是直观动作思维，就是以实际动作为支柱的思维。此时的婴儿还没有正式参与人类的社会实践，大脑中所获得的经验还很少，同时他们的认知还没有得到充分的发展，因此在实际生活中他们更多的是借助于具体的动作来思考和解决问题。例如当他们骑在椅子上，双手把着椅背时，或是把一根木棍骑在双腿之间时，他们就会想到开飞机、开汽车、骑大马等事情，此时他们大脑中所想到的事情都是借助于"骑"这个动作所引发的，如果没有这个动作，他们就不会想到这些事情。婴儿在解决问题时，也必须是借助于具体动作，通过动作所引发的事物变化及结果，来重新调整动作以做出下一步行动，就是通过这种不断的动作反馈，来逐步实现活动的目的，从而使问题得以解决。婴儿不会像成人一样在具体操作之前事先计划好，然后按照思维的步骤进行操作，他们是在行动中进行思考的，动作走到哪，思维就跟到哪，动作停了，思维也就停了，因此，婴儿的思维是典型的动作思维。

思维的自我中心性。自我中心性概念是皮亚杰有关个体认知发展阶段理论中非常重要的概念，是婴儿阶段一种典型的思维特征。对于刚出生的新生儿来说，此时他们还不能意识到自己是一个独立的客体，还不能将自己与客体分开，更不能认识到客体的独立存在。他们的所谓认知是一种混沌状态，是以自己的身体为中心的、无意识的感觉运动活动，他们会通过动作实现与事物的关联，但是他们不知道自己拥有这些器官，更不知道执行这些动作的是自己的身体器官，对于他们来说，这一切都是无意识的。等到婴儿建立起客体永久性概念之后，开始能够把自己与客体分开，认识到客体是独立于自己而存在的，到 18 个月时，婴儿已经能够摆脱先前那种不能分清主客体，不能意识到自己的自我中心化现象。2 岁时，婴儿思维的自我中心性表现为，他们不知道他人和自己对同一事物会有不同的观点存在，不能站在客体或他人的角度来看待事物和思考问题，而总是以自己的想法和态度作为衡量事物的标准，并来代替别人的想法和态度。皮亚杰通过"三山实验"很好地验证了婴儿思维的自我中心性，日常生活中，我们所观察到的婴儿的自我中心言语、把想象当作现实等行为，都是自我中心性思维的现实表现。

思维运行的单一性。婴儿思维自我中心性的存在，是和他们思维运行的单一性密不可分的，即总是从自己出发，只考虑到自己的想法所致。婴儿思维运行的单一性表现在两个方面：一是思维运行的方向单一，即婴儿的思维只能沿着一个方向运行，不能逆转。皮亚杰曾举过这样的例子：兄弟两个，弟弟叫汤姆，哥哥叫鲍勃，当问汤姆你有兄弟吗？弟弟能正确回答鲍勃是自己的哥哥，当问鲍勃有兄弟吗？弟弟则回答没有。这个例子中，汤姆知道鲍勃是自己的哥哥，但不知道自己是鲍勃的弟弟，非常好地说明婴儿思维方向的单一性。二是思维运行的维度单一，即婴儿的思维只能在一个维度上运行，不能兼顾。皮亚杰做过大量的"守恒实验"来说明此问题，包括数量守恒、长度守恒、液体守恒等，在这些实验中，婴儿思维单一性的最明显表现就是只能看到事件的一个维度，并以此维度作为回答的依据，不能做到同时兼顾多个维度，并通过综合多维度信息来回答问题。正是由于婴儿思维运行的单一性特征，所以整个婴儿阶段都不能建立起有关物质守恒的概念。

二、婴儿思维的意义

婴儿概念体系建立的基础。婴儿认知发展的最终目标是在脑中建立关于客观世界的一个概念体系，只有这个概念体系建立起来，婴儿才能利用此体系与客观世界实现互动，完成身心发展任务。在婴儿概念体系的建立过程中，思维发挥了非常重要的基础作用。客观世界的所有事物看似杂乱无章，各自独立存在，实际上所有的事物彼此间都具有千丝万缕的联系，是作为一个组织严密、结构清晰的体系而存在的。对于婴儿来说，并不是一开始就能知晓客观世界的内部构造，客观世界最初在他们眼里确实是杂乱无章、毫无头绪的，实现清晰化的过程是在感知觉和记忆发展的基础上，发展起思维活动得以完成。婴儿最先通过感觉和知觉活动，获得了关于各种事物的个别属性和整体属性的认识，并通过记忆将这些属性加以存储。这些存储的属性不断得到婴儿的认知加工，通过加工使婴儿逐步理清了各种属性之间的关系，并构成一个体系，而后婴儿再不断地利用这个体系去与客观事物相互作用，获得新的关于事物的属性。就这样通过周而复始的相互作用，使婴儿对客观事物属性的认识由浅入深，由非本质属性向本质属性发展，在此基础上使婴儿能够对事物的非本质属性和本质属性进行初步的区分，通过区分帮助婴儿建立了初步的概念。随着概念的增多，婴儿能够在概念之间建立起联系，使概念形成体系。婴儿能够对事物属性进行区分，并能够根据事物的本质属性去认识事物，形成各种概念，完全得益于婴儿思维活动的作用。

婴儿问题解决能力的保证。人的思维活动就是为解决问题服务的，同时也是通过解决问题来得以体现的。问题解决过程中，思维主要体现为个体能够为了某种目的进行一系列的认知操作，如果不具备这种认知操作能力，个体就难以解决问题，使目的得不到实现。婴儿由于还未参与人类的社会实践活动，因此对于他们来说还谈不上真正意义的问题解决，但不等于婴儿阶段没有问题解决活动，因为在婴儿的生活中，他们会遇到各种生存和发展的问题，这就需要婴儿去面对和解决，虽然在此过程中可能没有明显体现出思维的认知操作，但我们可以肯定的是，他们一定进行了相应的认知操作，否则就没有他们的认知发展了。对于婴儿来说，这一时期问题解决活动主要表现为婴儿对环境的一种探究和适应，在探究和适应中，思维主要表现为婴儿对行为的选择和调整，以帮助自己达到相应目的。婴儿出于好奇心的驱使，总会不断地去对环境进行探究，在这种探究活动中，婴儿会根据所接触的环境不断对行为做出调整，这种调整是在内部认知操作指挥下完成的，体现了一定的思维操控性。每当外界环境发生变化，使用先前的行为不足以应对变化时，我们就会发现，婴儿会根据现实条件，通过选择合适行为去应对变化，以达到对环境的适应。此过程中充分表现出婴儿的问题解决能力，而思维的作用就在于对现实问题的判断和分析，进而让婴儿做出正确的行为选择。

婴儿智能发展的核心。普通心理学把智能也叫智力，是指一种综合的心理功能，包括感知能力、记忆能力、想象能力和思维能力，其中思维能力是智能的核心。发展心理学家对智能的界定则不同于普通心理学，皮亚杰把智能界定为"具有适应作用的思维和活动"，韦克斯勒（David Wechsler）把智能界定为"一种总括的或综合的能力，使人能有目的地行动、合理地思维，并有效地应付环境"。无论是普通心理学还是发展心理学，都把思维看作是智能的核心要素，可见思维在人的智能中占有重要的地位，从某种程度上说，人的智能发展就是思维的发展。婴儿对环境的适应，从依靠先天的无条件反射到依靠后天建立的条件反射，反映出婴儿具有学习能力，这种学习能力的获得就是思维逐步发展的结果。因为只有经过思维的作用，才能使人的认识逐步深入，才能建立更高级更复杂的条件反射，从而表现出更好的学习能力。在婴儿初期，思维作用的发挥体现为对感官获取信息的解释，以及对操作行为的反复调整，通过解释实现对事物的概括，通过调整实现对行为的修正。在婴儿后期，思维作用的发挥体现为对言语的理解和应用，以及对行为的主动选择和控制，语言作为一种符号系统能被婴儿所接受，并成为以后指导行为活动的主要工具，就在于婴儿能够对这种符号系统所蕴含的意义做出正确理解，而完成此任务的就是思维活动。可见，婴儿智能发展完善的程度，关键就是看其思维发展完善的程度，如果没有思维的发展，就没有智能的发展。

婴儿创造力发展的前提。创造力是创造性思维的表现，就是人们根据活动任务的要求对已有经验进行重新改组和加工，提出某种新的问题解决方案或程序，并在活动中有新的思维产品产生的思维活动。婴儿的创造力表现为丰富的想象力，这种想象力渗透在婴儿的各种活动当中。比如婴儿的涂鸦活动，虽然很多时候我们看不出他们画的是什么，但婴儿绝不是在胡乱地画，在其脑中是有某种主题存在的，正是根据主题的构思，婴儿对脑中的表象进行选择加工并在纸上加以呈现，只不过这种呈现方式不是按照我们成人的惯有认识来进行，具有更大的随意性、自由行和开放性，也正是由于这些特点的存在，才更好地证明了婴儿的丰富想象力，谁敢说这种想象力不是一种创造力？再比如婴儿的象征性游戏活动，虽然活动内容大多都是人类日常生活情节的再现，但在活动中婴儿对于活动情节的安排，对于所使用各种物品功能的赋予，无不表现出婴儿丰富的想象力。在这些想象性活动中，充分展现出婴儿的思考能力和问题解决能力，而且这种能力是以一种创新的方式表现出来，从中可以看出，如果没有思维的正常发展，婴儿就不会有这些能力的表现，因为思维未正常发展的婴儿，不可能对脑中的信息进行合理地组织，更不可能去从事有情节的活动，基于这样的事实，可以简单地总结为这样几个字，那就是"思维不存，何谈创造"。

三、婴儿思维能力的发展

人的思维发展是一个缓慢的过程，鉴于婴儿的思维处于思维发展的初级阶段，有关思维的很多成分及特征还未产生或尚处在发展当中，因此很难对其进行完整的考察和分析，只能通过选取其思维发展中较早出现的具有代表性的方面来进行考察和分析，以了解婴儿思维的发展进程和规律。

婴儿思维工具的发展。思维是人脑对客观事物本质属性和规律的概括和间接反应，其中一个重要特点就是思维的间接性，那就是必须借助某种工具，思维才能实现对客观事物本质属性和规律的反应。思维所凭借的这些工具都不是个体通过遗传方式所获得的，都是通过后天的学习来获得，因此婴儿思维发展的一个重要方面，就是其思维工具的不断发展变化，思维也正是随着思维工具的不断高级化而获得发展。婴儿最先发展起来的是感知运动，动作在其最初的心理发展中具有不可替代的位置，思维的发展同样如此。婴儿通过动作接触客观事物，并在与客观事物互动过程中获得动作的发展，动作从最初作为认知的契机，逐渐转化为认知的工具。因为婴儿在此过程中会观察到，是自己的动作引发了事物的变化，因此他们会连续地做出各种新的动作，通过一连串的动作使婴儿的某种目的得以达成，此时动作就成为婴儿思维的工具，没有动作就没有思维。在感知运动发展的基础上，婴儿会逐渐把客观事物及其属性进行内化，形成一种内部表象。表象的形成使婴儿对客观事物的认识开始脱离事物的直接作用，可以利用表象实现对客观事物的间接反应，并能够对表象加以组织和再现，完成一些活动。比如婴儿的涂鸦和象征性游戏，在这些活动中都充分显示出婴儿是利用表象作为工具来完成相应活动的构思和情节安排，没有表象作为中介，这些活动很难进行下去。婴儿后期，婴儿的语言发展起来之后，婴儿逐渐理解了语言的意义，实现语言符号与客观事物等值关系的建立，开始利用语言与环境进行互动，语言就逐渐成为婴儿思维最主要的工具，之后随着语言能力的不断提高，个体的思维能力也变得越来越抽象。正是由于思维工具的发展顺序如此，个体思维的发展也是遵循由动作思维到形象思维再到抽象思维的发展顺序。

婴儿思维内容的发展。思维反映的是客观事物的本质属性和规律，因此客观事物的本质属性和规律应该是思维的内容，而这些属性和规律隐含在事物的内部，不能凭借感官可以直接获得，需要通过思维的概括和抽取才能够实现。对于婴儿来说，根本不能做到从一开始就对这些属性和规律进行概括和抽取，这需要一个缓慢的由浅入深的过程，因此，婴儿思维内容的发展就表现为从对事物的非本质属性和规律的概括向对事物的本质属性和规律的概括发展。这一发展过程虽然是一种内部过程，但可以通过观察婴儿的外显行为得到印证，其中最明显的外显行为就是婴儿问问题的方式。婴儿自语言发展起来后，语言就成为他们与他人互动的主要工具，尤其是与主要抚养者更是如此，从牙牙学语到自言自语再到不停地发问，语言成为亲子互动的主要联结纽带。婴儿所提出的问题，刚开始的时候都是是什么的问题，可以说，婴儿看见什么就问什么，问题的形式始终都是相同的，即这是什么呀？婴儿喜欢问这样的问题，一方面是出于对事物的好奇，因为对他们来说，随时随地就能遇到新的不熟悉的事物，出于好奇心的驱使，就会不停地发问，以便获得对事物的认识；一方面也许是出于好玩，为了吸引他人的注意，而通过发问来实现和他人的互动。针对此种发问，只要成人给予回答就可以了，至于回答的是不是准确，婴儿并不关心，因为他们所要的就是一种回答，而不是一种答案。大约从3岁开始，婴儿的发问形式出现变化，即从是什么的问题转变为为什么的问题。此时婴儿不再满足于得到了回答，而会就回答的内容进行追问为什么，而且会一直穷追不舍，有时弄得成人也是无从回答，以至于根本不答甚至生硬制止。从婴儿发问形式的转变，我们可以看出婴儿思维内容的发展就是从对事物的表面属性向事物的内部属性来前进的，并逐步接近事物的本质属性和规律。

婴儿概念与分类能力的发展。思维活动最直接的产物就是概念，婴儿概念的形成和发展，是随着婴儿对客观事物非本质属性与本质属性区分的逐步清晰而依次建立起不同的概念来完成的。婴儿最先建立起来的是客体永久性概念，此时婴儿知道客体是独立存在的，客体拥有不同的属性，他们的存在不以自己是否与之互动为条件。客体永久性概念的建立标志着婴儿已经能够将客观事物进行内化，开始出现符号化表征。随着接触事物的增多，婴儿开始逐步对事物的相关特征进行初步的概括，并通过概括形成某种概念。只不过这一时期婴儿所进行的概括还是在感性经验基础上所进行的概括，他们更多的是以事物最明显和直观的特征作为概括的依据，因此，在这一基础上所形成的概念被称为具体概念。尽管此时他们对某些概念能够进行反应，但在他们的头脑中所呈现出来的概念都是非常具体的，比如他们脑中的兔子必须是小白兔、猪必须是大胖猪、猫必须是小花猫、老奶奶必须是白头发的老奶奶等等，从中可以看出婴儿脑中的概念就是以事物的某种特征为标志的概念，非常具体，不具有一般性。婴儿语言发展起来之后，语言便成为一种重要的符号表征，随着语言的发展，婴儿从最初对词汇与事物之间只具有一对一关系的理解开始向词汇与事物之间可以有多种关系的理解转变。这时他们开始认识到一个词不仅仅指代一个事物，可以同时指代很多同类的事物，比如"狗"这个词，原先就是指婴儿自己家里的小狗，慢慢他们才会知道这个词可以包括所有的小狗。随着婴儿词汇的增多和对词汇意义理解的进一步加深，他们知道词汇不但可以表示有形的事物，也可以表示无形的事物，在此基础上逐步建立起关于事物的抽象概念。随着概念的增多，婴儿开始能够对概念进行组织，表现出初步的分类能力，刚开始的时候，婴儿对概念的分类还主要是依据事物的外部属性和特征来进行，逐步发展到依据事物的功用来分类，最后才能发展到依据事物本质属性的区别来进行分类，这一过程呈现出一个缓慢的发展进程。

婴儿问题解决能力的发展。思维活动最重要的功用就是为解决问题服务，婴儿思维的发展从一开始就显现出这一发展趋势。解决问题的前提是要发现问题，有了问题之后，思维才能得以展开，发现问题就是发现矛盾，即发现事物之间的关系是否符合因果关系。对于婴儿来说，很早就具有对事物因果性的认识能力，莱斯利（Lesley）等人采用习惯化－去习惯化的方法发现，6个月的婴儿就能对反因果性事件产生去习惯化反应，这表明婴儿已经能够意识到事物之间的因果关系。10－15个月时，婴儿不仅能够觉察到因果性，而且能区分不同类型的因果动作，比如知道推与拉的差异，并能形成行为的因果链。这些事实表明，婴儿很早就能发现事物的矛盾，这为他们后来的问题解决提供了前提。婴儿问题解决能力的发展遵循着从尝试错误到逐步顿悟的过程。在此过程中既有生理成熟因素的制约，也有思维发展不足因素的作用，比如婴儿最初掌握的动作都是不熟练的，因此在应用这些动作去解决问题时，显得动作笨拙，固执不灵活，必须经过多次的试误才能促使自己去改变动作，进而找到合适的动作完成活动。这就是因为他们动作发展的神经生理基础还未成熟，因此动作发展不完善，导致使用过程中的有效性差。同时，由于思维发展的不成熟，他们在解决问题时不能像成人一样先计划好行动的步骤，然后按照计划好的步骤去执行，而是在行动中不断地尝试错误，不断地修正行动手段，最终达到目的，使问题得以解决。婴儿做不到根据对问题的提前计划和分析，实现对问题的顿悟而后才开始着手解决问题，这需要思维的不断发展和成熟才能逐步得以实现。

四、婴儿思维能力的建构

思维在个体的认知发展中具有重要的地位，是个体智能的核心要素，智能是否发育成熟就是以思维是否发育成熟作为衡量的指标。个体思维发展虽然具有漫长的过程，但婴儿阶段思维发展的状况对思维以后的发展具有非常重要的影响，因此从婴儿时期就采取措施去建构婴儿良好的思维活动是非常必要的，主要从以下几个方面来实施建构。

建立正确概念体系。思维活动最基本的单元是概念，个体是利用概念进行判断、推理和论证，进而实现问题的解决，因此个体脑中的概念是否准确、丰富，彼此间的联系状况如何都影响到思维活动的进行。任何一个概念都是婴儿在出生后通过后天的学习建立的，在婴儿建构概念的过程中，我们应该采取积极的措施去帮助婴儿建构概念。首先，应该为婴儿提供更多接触事物的机会，只有接触更多的事物，婴儿才能获得更多事物属性的反应，然后才能利用这些属性去对事物加以识别，如果一个婴儿每天都生活在环境相对单一封闭的环境中，什么事物都接触不到，怎么会有对客观事物的反应，又何谈概念的建立。其次，要帮助婴儿对事物属性进行准确识别和区分。事物的属性包括非本质属性和本质属性，非本质属性由于表现在外，容易被婴儿所获得，因此很多时候，婴儿喜欢根据这些非本质属性对事物进行概括而形成概念。本质属性隐含在事物内部，需要利用经验去加以抽取，而这往往是婴儿难以做到的，因此，成人应该随时随地对此进行帮助，比如进行两种事物的对比，通过对比使婴儿知道什么是事物的非本质属性，什么是事物的本质属性，并引导其学会利用本质属性对事物进行概括。最后，要采取措施帮助婴儿在概念之间建立联系。婴儿最初所获得的概念在脑中都是孤立存在的，彼此间没有更多的联系，这时我们应该采取一些活动，让婴儿在活动中去使用所获得的概念，并通过活动过程的安排，使婴儿能够实现概念间的联合使用，这样随着活动的深入和经常开展，慢慢就会帮助婴儿实现概念之间的联系，使脑中的概念形成概念体系。

重视孩子语言培养。思维与语言具有密切的联系，二者是相互依存的，首先语言依存于思维，语言是思维的产物，语言的内容和语法规则都是人类思维所赋予的；其次思维也依存于语言，语言是思维的工具，思维的内部加工和内容表达主要是借助于语言符号来实现。婴儿在未掌握语言之前，其思维活动主要借助于动作和表象来进行，等到语言发展起来后，语言就成为其思维活动的主要工具。因此，培养婴儿的语言能力，对于促进思维发展具有非常重要的作用。由于婴儿阶段语言的发展，主要表现为口语能力的发展，因此培养婴儿的语言能力也主要是从培养口语能力入手。首先，要让婴儿多听。多听就是多听人类的语言，婴儿的语言发生绝不是在其张口说话的一瞬间来实现的，在此之前是有充分积累的，等到语言发音器官功能成熟才表现出来。积累的就是婴儿听来的人类语言刺激，正是由于语言刺激的作用，婴儿才能不断积累语言经验，进而促使语言的产生，如果婴儿始终听不到人类语言，其永远也不可能获得语言能力。这就要求婴儿的主要抚养者，尤其是母亲，一定要多对孩子说话，即时他们还听不懂，只要说了，婴儿就会听到，听到就会发生作用，千万不要有他们什么也听不懂，说了也没用的想法，这样非常不利于婴儿语言的发展。其次，要让婴儿多说。语言的功用就是为了表达，通过表达实现沟通交流，因此，待婴儿会说话之后，我们应该多与孩子说话，通过我们的语言刺激来促使婴儿语言的表达，只有说得多，婴儿语言才能发展得快，表达才能更清楚。在此过程中可以采用一问一答的方式来进行，也可以采用让婴儿独自表达的方式来进行，无论是哪种方式都是对婴儿口语表达能力的一种训练，同时通过对婴儿正确表达的强化，对错误表达的纠正，逐渐培养起婴儿流利的口语表达能力。语言表达得清楚，就表明内部思维逻辑的清晰，这样每次说话的时候，婴儿都力争去进行清晰的表达，其前提就是对表达内容的事先组织和安排，进而促进其思维逻辑性的发展。

教会孩子学会观察。观察是发展思维的基础，只有通过对事物的观察，才有可能发现问题，从而引发思考，观察越细致，发现问题就越多，思维也就越活跃。观察是一种高级的知觉活动，其主要特征是具有目的性和思维性，这同一般的知觉活动明显不同。只要是对某一事物进行观察时，主体肯定是带着某种目的进行的，而不是一般的泛泛知觉，同时在此过程中体现出一定的思维活动，以帮助主体更好地获取和分析所需要的信息，实现观察的目的。正是由于观察活动具有思维性，因此培养婴儿的观察能力，就可以在一定程度上起到培养思维的作用。首先，要培养婴儿对事物的观察兴趣。婴儿对周围事物是否感兴趣，在其认知发展中具有重要的影响，只有感兴趣了，婴儿才会对事物进行反应和观察，否则，婴儿不会对事物产生反应和观察。这种兴趣很多时候是出于婴儿先天好奇心的驱使，但更主要的是在于成人的培养和引导，尤其是对那些先天缺乏主动性，不喜欢对周围环境进行探究的婴儿显得更为重要。婴儿的观察兴趣来源于对周围环境矛盾性的发现，所以在生活中，我们要经常让孩子接触新的环境和新的事物，使他们处于矛盾当中，这样就会激发婴儿去对周围事物的观察，以便获取信息适应环境。另外，通过成人的示范或是语言引导，也可以促使婴儿把知觉活动指向某种刺激物，进而帮助婴儿产生观察的兴趣。其次，要教会婴儿如何观察。婴儿对事物的观察很多时候还是受兴趣影响，感兴趣的可能观察得更加认真仔细，不感兴趣的可能很快就会放弃，缺乏明确的目的性，这时就需要成人耐心的帮助，以协助婴儿很好地组织自己的知觉活动，使观察活动能够持续下去。另外，由于婴儿的知识经验相对较少，对事物观察时可能不准确、不全面，这时需要成人利用自己的经验对婴儿的观察活动进行引导，同时利用语言进行讲解，以辅助婴儿对事物进行更深入的观察，获取更准确全面的信息。

　　鼓励孩子积极提问。思维是为问题而服务的，它不但由问题所引发，而且表现在问题当中。一个人是否喜欢问问题，是否能问出有价值的问题，都在一定程度上表明了其聪明的程度，那些经常问问题的人往往显得更聪明。日常生活中，婴儿是一个比较喜欢问问题的群体，一方面是因为他们对什么都好奇，另一方面是因为他们知识经验少，对很多事情不理解，所以才会不停地有问题提出来。婴儿能够提出问题，就表明他们对事物进行了观察，而且发现了矛盾，并经过自己的思考而后才以某种问题提出来，这一连串的过程都离不开思维的参与，同时也是对思维的一种锻炼。因此，培养建构婴儿的思维能力，一定要利用好婴儿这一优势，同时采取措施进行积极引导和帮助。首先，要引导婴儿有问题意识。生活中，当新的事物出现或新的事件发生，婴儿不知如何应对时，成人应进行积极的引导，比如问他们这是什么呀？为什么会这样呢？通过多次的练习，婴儿就会在头脑中建立起问题意识，再遇到类似的事物或事件，婴儿就学会以同样的方式来对成人进行提问，逐渐养成发问的习惯。即便是在婴儿熟悉的领域，也会出现一些新的情况，此时婴儿可能也会无所适从，这时成人也以同样的方式来进行引导，让婴儿通过产生问题意识来思考事物的变化，并能通过提问的方式来获取答案。其次，要正确对待婴儿的提问。婴儿由于知识经验少，对事物认识得比较肤浅，因此有时他们提出的问题非常简单和幼稚，此时成人可能会认为这些问题不值得回答甚至不屑于回答，所以对婴儿的提问不予回应甚至假装听不见。另外，婴儿也正是由于知识经验少，所以有时他们的问题很少受常规思维的束缚，具有很大的开放性，表现为所提的问题五花八门、千奇百怪，有些问题甚至连成人也不知道该如何回答，因此很多时候就会招到成人的制止甚至训斥，更不用说去回答了。以上这些做法都是错误的，如果总是这样面对婴儿的提问，不但会使婴儿的认知受阻，而且会严重损伤婴儿问问题的热情，这非常不利于婴儿思维的发展。面对婴儿的提问，一是要做到耐心倾听，二是要做到认真回答，即使是自己回答不了的，也要做到合理解释。

启发孩子善于想象。想象作为一种认知活动，很多时候是和思维紧密结合在一起的，因为想象进行的时候，需要对头脑中旧有的表象进行重新加工，创造出某种新的形象，这一过程需要思维的参与才能实现。另外，想象活动往往是围绕某一主题而展开的，在对想象主题的构思以及执行过程中，都有赖于思维活动的参与。因此，培养婴儿具有丰富的想象力，也同样可以起到培养建构婴儿思维能力的作用。首先，就是要保护婴儿的想象。婴儿阶段本身就是一个富于想象的阶段，他们会对很多自己不理解的事物或事情，根据想象来做出解释，尽管这种解释不符合事实，但他们却对此深信不疑，这毕竟是他们自己思维的产物。婴儿这一认识特点，既可以说是婴儿认识的弱点，也可以说是婴儿认识的优点，关键在于我们怎么看待此问题，对于成人来说，最重要的做法就是去保护，而不是去干涉。干涉行为由于违背了婴儿认知的发展规律，不但起不到纠正的作用，反而会破坏婴儿的想象活动。其次，要启发孩子善于想象。婴儿的想象更多时候是借助于活动来进行，这就要求我们在婴儿进行某种活动时，对其进行积极引导，以帮助婴儿展开自己的想象活动。比如，婴儿后期的绘画活动，有时候婴儿喜欢按照自己的意愿随意地乱涂乱画，而没有一个明确的主题，这时成人就可以帮助婴儿确立主题，并帮助他们进行构思，提供所需的素材，在此基础上让婴儿展开想象活动来进行绘画活动，通过这样的启发就会培养起婴儿善于想象的习惯。

锻炼独立解决问题。思维是通过对问题解决而表现出来的，任何一个问题的解决都不是自动实现的，而是需要思维的参与才能够实现，此过程中思维主要表现为对问题的分析、综合、比较等活动，从而形成对问题的表征，然后在此基础上应用各种思维操作来使问题得以解决。一个人思维发展得好与不好，关键在于看他能否成功地解决问题，如果什么问题都解决不了，就很难说其思维获得了很好的发展。解决问题的能力不是先天的，需要后天的训练和培养，尤其是从婴儿期就要抓起。首先，要养成婴儿自己事情自己做的习惯。随着婴儿生理的成熟，动作技能的提高，很多有关他们自己的事情都可以自己完成了，此时就要大胆放手让婴儿自己去做，而不再是以前成人的包办代替，比如吃饭、穿衣、洗脸、穿鞋、系鞋带、整理玩具等等，通过让婴儿自己去完成这些力所能及的活动，使他们明白自己的事情就应该由自己来完成，而不必非得依靠别人的帮助，一方面可以使婴儿获得自主性，另一方面可以培养其独立性，这对于培养婴儿独立解决问题是非常重要的基础。其次，要锻炼婴儿独立解决问题的能力。凡是问题的解决都不是一帆风顺的，都需要付出很大努力才能完成，这需要很大的勇气和坚持性。只有通过不断地解决问题，思维才能够更加灵活有效，解决问题的能力才能得到提高，如果总是回避问题，或是遇到问题不加思考就求助别人的帮助，那么问题解决的能力就永远也得不到提高。因此，在生活中，每当婴儿遇到问题不能解决时，成人千万不要就直接帮助其解决，而是要让他们自己先去尝试解决，并且要尽自己最大的努力来进行，即使最后他们真

73

的不能解决，也不要完全包办代替完成，而是协助其来完成。对于那些一遇到问题一点也不付出努力就求助于成人的婴儿，一定要加以制止，不能让其养成坐享其成的坏毛病，这样对于婴儿独立解决问题能力的形成一点好处都没有，要坚决避免。

第 5 章

婴儿的科学探究

一、婴儿科学探究的内涵

儿童可以进行科学探究吗？一直以来人们对此心存疑虑，对于婴幼儿的科学学习，人们也是抱有怀疑的态度，因此在 20 世纪 80 年代以前，在幼儿园的三学六法中有常识教育，没有科学教育。然而科学在 20 世纪的迅猛发展，带给了我们前所未有的发展与繁荣，于是在全世界范围内掀起了学习科学的潮流，这一潮流影响到教育的所有阶段和领域，在国际上幼儿科学启蒙教育备受关注，各个国家对幼儿科学启蒙教育的必要性、可行性进行了深入研究和实践探索。在这一背景的推动之下，我国的一些有识之士提出要重视幼儿科学启蒙教育，并在一些幼儿园开展了幼儿科学教育的尝试，到 90 年代，科学教育开始逐步替代常识教育。但一些教育工作者对幼儿园的科学教育依然存在畏惧情绪，幼儿可以理解科学知识吗？孩子具备学习科学知识的能力吗？幼儿园老师具备进行科学教育的能力吗？诸多难题困扰着教师。2001 年教育部颁布了《幼儿园教育指导纲要（试行）》，科学教育成为幼儿园五大领域之一，在幼儿园要不要进行科学教育的讨论就此终结。在幼儿园要开展科学教育，科学素养是评估幼儿发展的基本维度之一，幼儿可以进行科学学习，甚至婴儿从一出生就在进行科学的探究，经历科学学习。

什么是科学？要想解读婴儿的科学探究，婴儿的科学学习，就必须正确理解什么是科学。传统上我们首先把科学理解为是一种知识体系，科学知识是人类经过科学研究而积累的，对客观世界和人类自身的系统的认识。科学作为知识体系，包括概念、原则与理论，是对客观世界正确的理解和揭示，是真理。但科学知识的真理性是相对的不是绝对的，科学知识并不是固定不变的真理，科学具有开放性。人类对客观世界的探究不断深入，所得出的研究结论会不断接近自然界客观存在的真理，但也许永远不是真理本身。科学作为一种知识体系是一个不断的否定自我、修正自我的过程，是一个动态的探寻真理的过程。也就是说科学知识的真理性不仅体现在结论上，更体现在过程中。

其次，科学是一种探究过程和探究方法，爱因斯坦曾经把科学定义为一种"探求意义的经历"。这提示我们：科学不仅仅是已经获得的知识体系，它更是一种通过亲身经历去探求自然事物的意义，进而理解这个世界的过程。科学知识的获得离不开科学的探究过程和探究方法，科学知识是探究过程的必然产物，随着科学研究能力不断地增强，科学探究过程不断的复杂，人们对客观世界的揭示越来越深入，科学知识体系越来越完善和复杂，但人们所经历的探究过程本质确是一致的，简单的概括科学过程一般包括以下基本环节：观察和发现——假设和检验——推理和形成结论——解释和预测，即探索、解释、检验三个核心要素。

科学不仅表现在结论的科学性更表现为过程的科学性。那么是什么推动人们不断地进行探索、解释和检验呢？是婴儿与生俱来的好奇心，即认识世界、解释世界的科学态度。从根本上说，科学探究活动源于人类对周围世界的好奇心和求知欲，科学精神是推动人类进行科学探究，获得科学结论的原动力。科学是人类探究周围世界客观规律的活动。它的内涵包括科学知识、科学探究过程、科学精神三个基本要素。

婴儿科学探究的含义。对于我们成人而言，科学知识的意义和价值可能最为凸显，在科学精神的推动之下，经历科学探索的过程，最终是为了获得真理即科学结论，以更好地为人类造福，更好地让自然规律服务于人类的需要。对于儿童而言，科学学习的核心是探究过程和探究方法，这是儿童不断丰富自我、提升自我的关键。儿童亲历探究过程，践行探究方法，就会获得发现，在不断尝试、探究的过程中，不断地调整自我的发现，复演了人类活动科学发现，认识世界的过程。而对于婴儿来说，科学素养培养的核心是科学精神即好奇心和求知欲，好奇心是与生俱来的，人类具有探究周围世界强烈的好奇心，人类在好奇心的驱使之下不断地去探索、发现，不断地去认识世界，理解世界，才创造了今天人类社会的繁荣与文明，才使得人类在不长的历史发展进程中实现质的飞跃。对于婴儿而然，他们还无法理解科学概念与原理，还不能熟练掌握科学学习的方法与技能，但这种从祖先那所传承下来的探究精神，这种强烈的好奇心会推动孩子不断地经历探究的过程，践行探究的方法，从而不断地提升探究能力，获得发现。对于婴儿而言，好奇心的保护与激发是科学学习的首要任务，其次是亲历科学探究的过程，掌握科学学习的方法，最后是获得产物性的前科学概念。儿童在早期建立的科学概念、掌握的探究技能，以及确立的对科学的态度和价值观念，对其成年后具有的科学素质会有决定性的影响。概括而言，婴儿的科学探究是指婴儿在具体情境和操作活动中，在好奇心的驱使之下，形成了有探索性的问题，通过观察、操作、思维与应用，进行自主探索，获得感性经验，建构对周围物质世界的认识。

二、婴儿科学探究的特点

婴儿具有与生俱来的好奇心和求知欲。探索是婴儿的本能冲动，好奇、好问、好探索是婴儿与生俱来的特点。婴儿从一出生就对周围的世界充满了好奇，他们不断地用自己的方式与周围的世界相互作用，探寻着主体与周围世界的互动关系。婴儿最初通过视觉、触觉、味觉等感觉通道感知世界，在感知世界的同时，通过动作探索周围世界。如 2 个月大的孩子就能进行大肢体的动作，通过大肢体的动作感受主体与客体初级的相互作用。4 个月、5 个月大的孩子就能进行主动的抓握游戏了，手眼的协调性进一步发展，婴儿获得了更丰富和精细的感觉经验。6 个月左右婴儿学会了坐，他们的世界进一步扩大，视野更为开阔，能感受到的外部刺激更为丰富。8 个月左右婴儿可以爬行了，他们与周围世界的互动就更为主动和自如了，所以爬行对婴儿的发展而言具有里程碑似的意义。12 个月左右婴儿学会了走路，至此，婴儿可以运用自己喜欢的方式去观察、操作，获得发现。2 岁左右婴儿获得了语言能力之后，他们对周围物质世界的探索更是获得了质的飞跃。他们好奇、好问、好探索，他们生气勃勃、精力充沛，不知疲倦地探索周围的世界。他们什么都想知道，他们的问题没完没了，他们的探索接连不断，正因为婴儿有着强烈的好奇心和探究欲望，每个婴儿都有着一双敏锐的眼睛，有一个不知疲倦的大脑，所以，没有什么东西能逃脱婴儿的注意力之外，太多我们司空见惯、习以为常的事物和现象，都可以引起婴儿极大的关注和探究热情。婴儿最初关心的问题都和自然环境有关，想要知道很多事情是怎么一回事，以及世界为什么会是现在这个样子。"为什么会下雨""下雨的水流哪去了""草为什么是绿色的""云为什么走""树叶为什么会落"等等。婴儿所关心的这些现象，往往是最基本的科学问题，可以说，孩子的疑问和问题在本质上与科学家的问题并无太大的差异，只是科学家们在以专业的方式从事小孩子自然而然在做的事，寻找着儿童最关心的问题的答案。

婴儿自然而然地在运用科学探究的方法。婴儿可以进行科学探究吗？他们具备科学探究的能力吗？一直以来我们都认为科学研究是非常专业和复杂的工作，是科学家的专属事业。科学研究的基本过程长期不变，观察和发现——假设和检验——推理和形成结论——解释和预测。婴儿自然而然就在运用观察、操作、发现、假设、检验等科学探究的方法认识世界。如 8 个月大的嘟嘟在用奶瓶喝奶，快喝完的时候不小心奶瓶掉到了地板上，塑料奶瓶弹跳了几下发出了一串响声。嘟嘟吓了一跳，怔怔地看着掉到地板上的奶瓶（观察、发现），妈妈过来了，捡起了奶瓶又递给了嘟嘟。他看看奶瓶，看看自己的手，继续喝奶，过了一会他用手拍拍奶瓶，又看了看（探究、假设），又过了一会，他手一松奶瓶又掉到了地板上，看着奶瓶落地，嘟嘟下意识的抓了抓双手（验证、尝试）。妈妈捡起，这一次，嘟嘟很快就又把奶瓶扔到了地板上，然后牙牙学语呼唤妈妈给他捡起来，再扔，嘟嘟咯咯笑个不停，不断呼唤妈妈捡起来再扔，甚至还学会了用力扔……（推理、形成结论），直到妈妈制止，把奶瓶收起，给了他一个新玩具。但很快，新玩具也被他扔到了地板上……（应用、迁移）。孩子在成长的过程中，有太多这样的瞬间，我们可能习以为常，但如果仔细分析不难发现其中蕴含的科学探索的过程，我们会惊诧于孩子所具有的这种探究能力。婴儿自然而然地就在运用这种科学探究的方法，就能经历一个完整的科学发现过程，对于我们成人而言，就是要给予婴儿支持和帮助，给婴儿创设一个宽松的安全的自由探索环境，不断地支持引领孩子践行科学探究的方法，经历科学探究的过程，培养孩子良好的思维品质和科学素养。

婴儿能获得经验层次的科学概念。婴儿还不能获得真正的科学概念，婴儿认知发展的特点使他们不可能获得真正的科学知识，皮亚杰的早期研究工作和我国有些学者的实验研究早就证实了婴儿认识客观事物的主观性和表面性特点。而且，在实际观察中我们还会发现婴儿认识事物具有很强的直接经验性。如苹果好吃是因为它红，树叶秋天落了是因为冷等等。婴儿不能客观地解释自然事物和现象，往往从主观意愿出发，或赋予万物以灵性。如大树晚上不回家是因为没有脚，树皮裂口了也会疼等。婴儿总是用"儿童独特的眼光"来看待事物及其关系，婴儿对事物的认识不能抓住本质特征，对事物及其关系的认识和解释只是依据具体接触到的表面现象来进行。婴儿对事物的认识直接受其原有经验的影响。婴儿在探索和认识事物过程中所表现出的不合乎成人逻辑的想法和做法，在婴儿已有经验和认知结构上却是极其合理的，合乎其"自身的逻辑"。如玩具娃娃充电才能说话，自己也需要充电。汽车用钥匙才能打火启动，自己也需要用钥匙启动等等。婴儿认识事物的这一特点是由他们思维的具体形象性所派生出来的，婴儿在认知发展上的这种局限性决定了他们无法获得客观的认识，他们获得的往往是经验层次的科学概念，是他们感知、操作、发现的结果。

婴儿可以不断地建构自己的科学经验。儿童所获得的科学概念是经验层次的，是发现问题——经历探索——获得经验的过程，也就是说儿童的科学不是"教会"的，是他们自己"学会"的。但这并不是说儿童所获得的科学认识就一成不变，儿童在好奇心的驱使下不断地去探索周围的物质世界，认识也不断地丰富。在这一过程中，按照皮亚杰的顺应、同化理论，当新的认识符合原有的认知经验时，原有的知识经验会同化新的认知经验，会引起认知图式量的变化，婴儿的认知经验不断丰富。当新的认识不符合原有的认知经验时，就会引起原有认知结构的改变，产生顺应，会构建新的认知图式，引起婴儿认知结构质的变化，通过同化和顺应婴儿可以不断建构自己的科学经验。

三、婴儿科学探究能力的发展

好奇心是科学探究的原动力。好奇心是指对新异刺激的一种积极的反应倾向，儿童对周围世界新异事物、现象会表现出积极的、主动的、强烈的行为或情绪的反应倾向，从生命伊始婴儿对周围的物质世界就充满了好奇。如几个月大婴儿对周围世界的刺激就会表现出视觉、听觉的注意，会有表情或肢体上的回应。随着婴儿认知能力不断的发展，特别是孩子掌握了语言，他们对新异刺激的反应更会主动、有效，他们通过各种操作方式作用于外界事物，感受着各种刺激和外界事物的变化，而且他们能运用语言提出问题，与成人互动和交流，提升在操作中获得的物理经验和逻辑数理经验，获得对周围物质世界的粗浅认识。婴儿与生俱来所具有的这种好奇心如何能有效推动孩子认识能力和认知经验发展，还需要成人的支持与教育。好奇心是对新异刺激的一种反应倾向，所谓一种倾向引起的往往是婴儿情绪、外显行为等一些表面的反应，它不稳定也不持久，还难以直接转化为一种探究行为，它仅是探究行为的一种唤醒剂，真正诱发探究行为的是更深层更稳定的兴趣、求知欲。成人的支持引导可以更好地保护婴儿的好奇心，培养其稳定的兴趣，激发强烈的求知欲。如儿童都很喜欢恐龙，最初可能是被恐龙奇异的形态所吸引，产生了一种注意、关注的反应倾向，这时，成人如果能给儿童提供适宜的有效的支持，如给儿童提供相关的图书、模型等资料，和儿童一起观看影视资料，和儿童一起谈谈相关的话题等等，儿童就会建立起较为稳定的兴趣，喜欢玩和恐龙相关的游戏，喜欢谈论恐龙等等，这种喜欢随着孩子知识经验不断的积累就会转化为一种强烈的求知欲，如思考有关恐龙的问题，形成较为系统的知识经验体系，诱发更为主动和深入的探究恐龙的行为，获得新的发现。所以，好奇心——兴趣——求知欲的发展是一个递进的过程，成人要引领孩子的发展，一个有着广泛的兴趣爱好，强烈的求知欲的孩子一定能跟得上时代发展的节奏。对于婴儿而言，我们首先就从保护和激发孩子的好奇心入手。

如何保护与激发婴儿的好奇心？首先在与婴儿互动的过程中成人要让自己保持一颗"童心"，婴儿都有一颗敏感的心灵，一双善于发现的眼睛，一对善于聆听的耳朵，成人要努力与婴儿同步，用孩子的心灵去感受大自然的奇妙与美丽，用孩子的眼睛去发现万事万物的多姿与多彩，用孩子的耳朵去聆听大自然的灵动与韵律，成人是孩子最好的学习者与支持者，开启孩子智慧的大门就可以从"童心"碰撞"童心"开始。其次，要正确对待孩子的"探究"行为，由于婴儿对所有的事物和现象都保有强烈的好奇，因此，他们常常表现出一些让成人无法理解甚至不能容忍的行为，如因为好奇将鱼缸里的金鱼捏死；由于好奇将花盆里的花骨朵全都抠掉；由于好奇将手机扔进水里……甚至还会做出一些危险行为，让成人无奈和恼火，对于成人而言一定要能正确解读和对待孩子的这些无厘头行为。成人要学会透过孩子的行为去理解引发孩子行为的动机，对于婴儿而言，他们往往还不会故意搞破坏，之所以有诸多不适当的行为都源于他们强烈的好奇心，换言之越是淘气的孩子，好奇心越强，就越聪明。

成人要采用合适的方式约束和引导孩子的行为，但前提是不能同时束缚了孩子的强烈的探究欲望。有些"破坏"行为，可以鼓励，如买的一些玩具孩子拆卸，可能就是想弄清楚他感到疑惑的结构或是功能，可以跟孩子一起探讨他有什么发现，既然玩具是买给孩子的，孩子就享有对玩具的物权所有，就要尊重孩子处理自己物品的权力。其实如果能带给孩子一些思考、启示，玩具的价值已然体现。有些"破坏"行为可以替代，如孩子特别喜欢玩家里厨房里的一些材料和工具，就可以给孩子提供一些替代物品和材料，满足孩了的需要。有些"破坏"行为要制止，但要肯定孩子的想法。如一些贵重的电子产品，或者对孩子可能存在危险的物品，是不能允许孩子随意摆弄的，在孩子小的时候就要建立起明确的规则，让他有物权概念，有些物品是不允许他随便触碰的，那是妈妈爸爸的，这种规则意识的建立也有利于今后孩子与他人和社会互动。再次，正确回应孩子提出的问题。婴儿从 2 岁开始，就会不断地提出他关注的感兴趣的问题，当孩子可以很好地驾驭语言之后，更是会接连不断地问问题，我们将这一阶段称为"问题游戏阶段"，就是孩子似乎并不是为了得到一个答案，甚至有些问题已经回答了很多次了，他还是不停地重复问。作为成人一定要耐心倾听孩子的问题，我们鼓励的、欣喜的态度会让孩子感受到一种支持和肯定，会让孩子对周围的世界充满探索的热情。还要正确解答孩子的提问，孩子的问题是他们打开认识世界的钥匙，成人可以采取科学的、智慧的方式，以孩子的问题为契机引领孩子认知的发展，丰富孩子的知识经验。如对孩子能理解的问题可以直接告诉他正确答案，可以和孩子一起观察、分析、思考，共同提升孩子的认知经验，可以激励孩子自己尝试着给出他关注问题的答案，可以和孩子一起查找资料，共同找寻问题的答案等等。

婴儿科学探究的基本过程。前面我们分析了婴儿自然而然地就在运用科学的探究方法，就能经历科学的探究过程获得自己的认识，婴儿在成人的引导之下不断地经历观察——操作——发现——应用去建构自己的知识经验。

观察，用多种感官去认识事物。人类要认识客观世界，首先必须通过感知觉，即观察，它是认识世界的开端。人们通过感知活动，认识了客观事物的外部特征，经过分析、综合，进一步了解了事物的本质特征，人就是这样来认识理解周围世界的。儿童认识周围世界同样经历了这样的认识过程，婴儿阶段是感知觉发展的敏感期，婴儿一生下来就通过感知通道获得对周围世界的认识，如通过听、看、尝、嗅、触摸等认识了客观事物，获得对事物的感性认识，在此基础之上经过分析综合等发展形象思维和抽象思维能力，所以说观察是儿童认识世界的基本方法。观察既是婴儿认识世界的一种方法，也是我们应着力培养的一种能力，对于婴儿而言，观察能力是学习手段与学习对象的统一。观察力是婴儿需要发展起来的最重要的能力，在观察过程中，婴儿经常运用各种感官与自然环境接触，各种感官的共同参与，提高了婴儿感觉的综合能力，也发展了婴儿运用感觉来主动探索周围物质世界的能力。观察活动也为婴儿提供了直接与周围世界接触的机会，使婴儿获得最直接、最具体地反映客观事物的经验，观察使婴儿不断发现大自然的奥秘，发现新问题，提出新问题，进而激发儿童探索大自然的兴趣。观察是一种复杂的心理活动过程，不仅能提高感觉器官的机能，还可以锻炼大脑皮层，儿童在丰富感性知识并进一步形成概念的过程中，逐步学会比较、分析、综合、概括，从而促使思维能力的发展。观察打开了婴儿认识世界的大门，在日常生活中，成人要让婴儿有更多的接触自然万物，亲近大自然的机会，让孩子自然地打开所有的感觉通道。还要针对孩子认知发展特点有准备地引领孩子参与观察活动，丰富孩子的感知经验。

操作，从做中得到实际的经验。皮亚杰说"知识在本原上既不是从客体发生的，也不是从主体发生的，而是从主体和客体之间的相互作用中发生的"。皮亚杰认为，知识经常是与动作联系在一起的，动作是连接主客体的桥梁和中介，在动作操作过程中，主客体之间相互作用，一方面使得客体发生了一定的改变，另一方面也使主体在相互作用的过程中获得了一定的知识。杜威进一步发展了皮亚杰的思想，提出了更具有实践操作性的"做中学"教育哲学观点，他强调动作和行动在认知过程中的重要意义，认为经验的获得是发生在主客体相互作用的交互动作过程中。婴儿通过观察，获得了事物的感性认识，此时真正意义上的操作也许还没有发生，婴儿只是随意地看看、摸摸、听听等等，此阶段婴儿学习与教育的最佳方式就是在成人的引导或与成人互动的过程中，聚焦有探索性的问题，婴儿通过有目的性和程序性的操作和摆弄，获得发现，提升了认知经验。我们应该为婴儿提供实物和环境，让婴儿自己动手操作，通过摸、看、闻、尝、听、抓、举、扔、捏、切等来了解事物的各种特性，获得感性资料，在此过程中婴儿对科学现象有了直观的认识，经历了真正的探索过程。婴儿在操作物体，尝试改变物体的过程中，会经历一个发现问题、提出问题、解决问题的过程，能极大地满足婴儿探索未知世界的愿望。

发现，把通过感知和操作获得的经验转化为自我建构的新发现。通过感知觉，婴儿接受了周围物质世界丰富的信息，引起了婴儿认识外部世界的兴趣。再通过婴儿与客观事物不断的操作互动，获得了有关客观事物物理属性的一些感性认识，在不断观察，反复操作的过程中，婴儿可以不断地组织、归纳、整理这些感性认识，从而获得有意义的物理经验，在与客观事物不断的相互作用过程中，客观事物的规律会不断地调整婴儿的错误认识，使婴儿可以在观察、操作的基础之上建构更有意义的新经验，获得有价值的发现。

应用，把学到的在日常生活中使用。婴儿在获得了一些前科学概念、科学认识的基础之上，他们认识问题、理解问题、处理问题的能力会增强，与周围的互动更积极有效。这会极大地提升婴儿与周围世界互动的热情和信心。如婴儿观察到春天的时候，万物复苏，小草会发芽，田里的庄稼会出土。成人带孩子去野外，孩子会观察到小草发芽、出土、长大的状态，在与成人互动交流的过程中，会进一步地发现可能和小草生长有关的条件，如长在土里，下雨会长得更旺盛等等；在获得感知经验的基础之上，孩子可以在家里种植植物，进一步整理有关植物生长的条件，通过观察、操作会发现植物的生长要有土壤、水、阳光、空气等；当孩子已经建构起了有关植物生长的相关知识经验，就可以解释一些自然现象，更成功地种植、管理自己的植物，获得成就感和自豪感。观察、操作、发现、应用这几个基本阶段既是一个完整的递进的科学探索过程，同时也交融在一起共同作用于婴儿的科学学习。

四、婴儿科学探究能力的建构

婴儿科学探究能力建构的理论思考。婴儿的学习与发展是一个自我建构的过程，也就是婴儿不是被教会的，而是他自己学会的，这是对建构主义学习理论最朴素的理解，建构主义学习理论对婴儿科学探究能力的培养提出了理性思考的方向。建构主义理论的先驱皮亚杰认为：学习能否加速儿童认知发展，其关键在于学习活动是成人教导下儿童被动地学习知识，还是儿童在其生活情境中自行探索主动学到知识。教育的真正目的不是增加儿童的知识，而是设置充满智慧刺激的环境，让儿童自行探索，主动学到知识。皮亚杰认为，每次过早地教给儿童一些他自己日后能够发现的东西，这样会使他不能有所创造，结果也不能对这种东西有真正的理解。他指出"童年期是一个人最精彩、最具创造力的时期"。因此，成人的责任就是创设情境，提供材料，让婴儿在各种实践活动中自由操作、实验、观察、思考，自己认识事物，发现问题，解决问题，建构自己的认知经验。

而后的学者们进一步发展和完善了相关思想，形成了建构主义的学习理论。其思想内涵包括：其一，认为学习是孩子主动建构的过程，孩子的学习与发展的实质是自主实现的，知识的掌握不是他人传递的结果，而是学习者在与环境的互动中通过同化和顺应自我建构的结果。这一思想给我们的启示是在婴儿认识世界提升自己认知经验的过程中，成人首先须分析儿童可能具备的相关知识，注重引导儿童运用已有的知识经验建构新概念。可以采用交流、互动、提问、观察、游戏等手段了解儿童已有的知识经验，并考虑如何在儿童已有的认知结构的基础上创设情境，引导发现，使儿童逐步掌握科学知识。

其二，学习情境对知识的建构起着决定性影响。建构主义学习理论认为知识的获得是在真实的或类似真实的情境中体验的结果，孩子只有在真实的情境中才能明确学习的意义与价值，才能产生获知的需要，才能真正习得有意义的知识。良好的学习情境的创设有利于儿童对所学内容进行意义建构。因此在婴儿认知发展过程中，成人要善于根据儿童已有认识，创设有利于他们意义建构的、真实的问题情境，如让婴儿与自然充分互动，提供真实的操作材料，创设类似真实的学习情境等。在真实的情境中婴儿才能进行自主探究，通过自主参与获得知识，才能掌握认识自然所需要的探究能力，进而培养探索未知世界的积极态度。

其三，互动是知识建构的重要方式。建构主义认为每个人都是在自己原有认知结构的基础上获得新经验的，由于个体的兴趣、认知方式、原有经验等不同，每个人所拥有的认知结构都是不同的，因此，即使对于同一个问题的理解，每一个个体建构的方式、过程、结果也都不同，也就是说每个人学习过程、学习方式、学习结构都不尽相同，因此教育要尊重每一个个体的学习！同时个体要想超越自己的学习状态，看到那些不同于自己的认识、理解，看到多样的建构途径，就必须通过合作学习，展开充分的交流、讨论，发展不是被动接受的结果，而是孩子在交流、合作、互动过程中主动成长的结果。儿童与同伴间的相互合作与交流不仅有助于深化其对于科学的认识，更有助于对科学探究活动所必需的科学精神、科学探究能力的培养。

最后强调发展目标的开放性。建构主义学习理论认为引领孩子的发展应以探究和创新能力的培养为核心目标。这一观点具有极强的前瞻性与时代性，如今社会以前所未有的速度发展，社会的变化日新月异，知识呈爆炸式的发展态势。如何引领孩子跟上时代发展的节奏？就是培养孩子的创新意识和能力，唯有增强创新意识和探究能力，孩子才能更好地适应社会，奉献于社会发展。创新、探究的本质就是变化，因此引领孩子的发展目标也一定是动态的、变化的、多元的。

婴儿科学探究能力建构的实践探索。0-3 岁婴儿主要生活在家庭中，家庭对孩子的影响从出生时就开始了，家庭是婴儿最早接触的成长环境。随着早期教育研究不断地深入，更多的家长都能理解科学育儿的重要意义，也关注科学育儿的理念和实践，但在陪伴孩子成长的过程中也存在一些误区，如依然关注知识的学习，重视表象层面的智力的开发，过度关注养育等等。婴儿发展和培养是一个复杂的系统工程，但科学探究能力的培养是重中之重，一是因为重要，科学素养是现代人必备的素养之一，不具备良好的科学素养无法跟住时代发展的节奏。二是因为科学素养的培养易被忽视，家长不理解科学素养的本质，想当然地认为科学远离孩子，不具备正确的科学教育观念。因此应尽早地更新家长的育儿理念，让家庭成为培养孩子科学素养的园地，孩子最早在家庭中感受到的科学探究氛围、形成的科学经验和能力会影响到孩子一生的思维品质和个性特点。

　　家长应关注日常生活中婴儿的探究行为及婴儿探究精神探究能力的培养。首先家长应创造机会让婴儿回归自然，让婴儿充分接触自然。大自然是人类智慧的源泉，人本身就是大自然进化的结果，融入大自然人才能找到生命的本源，人类所有的发明创造都能在大自然中找到原型，离开了自然人就失去了发展的不竭动力。因此，应带孩子回归自然，让大自然去开启婴儿智慧的大门。如在大自然中，孩子感受着空气的清新、感受着太阳光的温暖、感受着花的芳香、树的绿意、感受着自然万物的千姿百态，在与自然互动的过程中，孩子观察到四季的变化，观察到一些自然现象和规律，探究思考着这些现象。在进一步的操作活动中，婴儿获得了更为丰富的物理经验和逻辑数理经验，认知经验更为丰富，这些认知经验的获得都是与自然互动的结果，让婴儿回归自然是开启其智慧的前提。其次成人与婴儿积极互动。父母是孩子最好的科学启蒙老师，父母的态度与行为直接影响到孩子科学素养的形成，如父母对孩子的探索行为不理解，不能给予有效的支持，甚至经常是限制和制止，孩子的探索就会缩手畏脚，我们限制了孩子的手脚，也就限制了孩子的思维，限制了孩子的发展。父母首先应关注孩子的探索行为，学会解读孩子，还要为孩子的探索行为提供必要的物质材料，尊重孩子的选择，要尽量为孩子提供一些低结构的材料，这些材料操作和想象的空间更大，更能诱发孩子的探索行为，如纸壳箱子、小木棒、绳子、瓶子、沙石土等等。还有父母可以适当参与孩子的探索活动，父母的参与是对孩子行为最好的支持，能提升孩子探索的兴趣，推进孩子的探索行为，增强孩子克服探索过程中逾越障碍的勇气。再有鼓励婴儿同伴之间积极互动，维果斯基提出了最近发展区的理论，引领孩子发展的最佳教育策略是找到其最近发展区，而同伴之间的交往和接触能更容易找到彼此的最近发展区。往往同龄的孩子发展快的就是发展慢的孩子的最近发展区，某个领域发展快的孩子就是那个领域发展慢的孩子的最近发展区，年龄稍大点的孩子就是年龄稍小点的孩子的最近发展区，所以他们之间有相互合作发展的需要和可能。家长要给孩子创设同伴交往的机会，鼓励孩子和同伴积极互动和交流。

除关注日常生活中婴儿科学探究能力的培养之外，也要重视教育活动中婴儿的探究能力的建构。随着早期教育如火如荼的发展，一些早期教育机构蓬勃发展，为满足幼儿发展和社会需求，一些幼儿园也开始承办早教班，因此，我们也要重视专门的婴儿科学教育活动。传统教育中我们更重视预定性的集体教学活动，当前在新的教育理念指引之下，选择性的区域活动更受重视。这两种教育活动都有可以自然实现的教育价值，我们都应积极组织与设计。预定性的集体教育活动的计划性和组织性更强，预设的目标更容易达成，对于一些专业性发展程度不高的幼儿园教师而言操作性更强，更好把控。在早教阶段，和婴儿的认知发展水平更适切的是观察类、操作类的科学教育活动。也就是说所选择的活动主题是婴儿熟悉的，有丰富的感知经验的，材料可以直接操作的，能满足婴儿直接感知、亲身体验、实际操作的科学学习的特点。活动目标要尽量体现行为化、具体化、层次化、灵活化的特点，重点是激发婴儿的好奇心和求知欲，获得对周围物质世界粗浅的认识。活动过程要体现出婴儿的自主参与、自主探索、自主发现的特点，教师可以采取平行参与、合作支持、提问互动的方式推进活动过程的展开。

区域活动是指以儿童的兴趣和发展需要为着眼点，将幼儿园或班级的活动场地划分为不同的活动区域，每一个活动区域相对有不同的活动内容和发展主题。教师根据不同区域的活动主题创设相应的活动情境，投放相应的活动材料，制定相应的活动规则，让儿童自主选择活动区域，自主操作活动材料。通过与情境、材料、同伴的互动，儿童进行个性化的学习，自主获得发展的教育形式。早期教育常见的活动区有娃娃家（角色区）、美工区、探索区等。

第6章

婴儿的语言

　　婴儿从来到这个世界伊始就开始了学习和运用语言的神奇历程。婴儿在短短两三年的时间里就习得了复杂的语言符号系统，可以进行自由的表达、沟通与交流，语言是婴儿真正理解这个世界的媒介，通过语言的理解和交流，婴儿的社会性得到发展，实现了从自然人向社会人的顺利成长。语言是思维的物质外化，是思维的载体，语言以婴儿认知能力的发展为基础，同时也促进了婴儿认知能力的发展。语言也是孩子理解和表达情绪的基本手段，通过语言，孩子可以很好地理解情绪、表达情绪和调控情绪，随着孩子语言能力的不断发展，情绪和情感的体验也得到了深化和稳定。

一、婴儿语言与婴儿的发展

　　婴儿语言与婴儿社会性的发展。语言是儿童社会性发展的工具之一，儿童通过语言来理解别人的思想、情感，同时利用语言来表达自己的感受、见解、愿望，倾诉自己的感情，参与社会交往活动，并指导和评价自己的行为。

　　啼哭是婴儿最初的与成人交往的有效符号，新生儿就已经学会了用不同的哭声表达不同的感受和诉求，吸引成人的注意和回应。比如饥饿时焦急的哭声，疼痛时尖锐的哭声，冷热或不舒服时哼哼唧唧的哭声，吸引成人关注时断断续续的哭声等等，就已经具备了言语交际的最初形式。

　　随着婴儿语言能力的不断发展，其交往与合作能力也不断提高，婴儿在与同伴和成人的互动过程中，语言的对答、应变、协调能力不断增强；反过来，语言表达和交往上的成功，又会大大地调动婴儿学习和使用语言的积极性，语言表达会更加趋于完善，也就更加符合社会性交往的需要。婴儿在不同情境，与不同对象进行语言交际的过程中，词汇不断丰富，运用词汇的能力不断增强，语句的表意功能越来越确切完善。语言表达能力的提高对婴幼儿语言交往能力的发展产生了更为积极的影响，可以促使婴幼儿更多地运用语言去与同伴、成人交往，更好地理解语言所表达的内涵，从而促进其社会性的发展。

　　随着婴儿语言能力的提高，其社会交往能力也得到了改善。在没有学会一种语言形式之前，人与人之间的关系仅限于身体与其他外部姿势的模仿和一种笼统的情感交流关系，而没有分化为各种特殊的交流。有了语言之后，个人的内心活动就可以彼此交流了，人与人之间的交往更为密切和深入，彼此的理解和互动也越来越多，由此婴儿的人际适应越来越顺畅。

　　婴儿语言发展不仅是指口头语言，而且包括发展婴儿的倾听、表达、欣赏作品的能力。语言能力的提高，能够使儿童表达得准确和适切，可以有效帮助他们解决纷争，尝试用语言说服同伴，通过商量、轮流和退让，积累社会交往的经验。

婴儿语言与婴儿认知的发展。 婴儿语言发展与认知发展是相互促进、相互影响的。语言的发展可以促进儿童感知、记忆、想象、思维等认知能力的发展。婴儿最初是通过感知来体验和认识世界的，语言能力的获得使婴儿的认识过程发生了质的变化。如婴儿可以通过语言对头脑中储存的视觉、听觉、触觉、嗅觉、味觉等表象进行概括，从而获得初级的科学概念，语言能力的发展打开了孩子认识世界、探索世界的路径。语词符号的记忆更是孩子思维能力发展的必要条件，是抽象思维发展的媒介。语言是思维的载体，是思维的工具，没有语言就不可能进行抽象的思维，婴儿在把感知经验上升为正确认识的过程中，语言起到了特别重要的作用。

如婴儿早期阅读理解能力的发展就很好地促进智力的发展。 婴儿的阅读活动主要凭借图画、图片、符号来理解故事内容和故事情节，在认识观察图画、符号的基础上，婴儿运用已有的知识经验展开联想和理解，可以很好地发展婴儿的观察能力、记忆能力、想象能力、理解能力和判断能力。

婴儿语言与婴儿情绪情感的发展。语言在婴儿的学习和生活中同样起着不可估量的作用。婴儿在与周围环境的交往互动过程中，会体验到各种各样的情绪和情感。在一开始，还不会说话的婴儿就会用咿咿呀呀的发声来引起成人的注意，用哭闹、号叫的方式来表达自己的不开心、不满意、不顺利。当婴儿在开始学习说话之后，情绪情感的表达逐渐向成人趋近，慢慢会使用一些情绪情感的表达性词汇来告诉成人或同伴自己的感受。

语言对婴儿情绪、情感表达的促进作用主要表现以下两个方面。首先，语言可以帮助婴儿体验和表达情绪和情感。语言的掌握使婴儿的情感、情绪色彩更加多样化、深入化、丰富化。婴儿可以理解"宝宝吃饭饭，妈妈很开心，妈妈开心宝宝也开心"是对妈妈、宝宝高兴的心理状态的表达，是积极的愉快的情绪情感体验和互动。而对于"宝宝淘气，妈妈生气了"则能够明白这是对情绪不好的一种表达。在婴儿通过语言不断地和他人、社会互动的过程中，情绪情感的体验不断深刻，表达也更为准确。

其次，语言不仅是婴儿情绪体验与表达的强有力工具，通过语言还可以帮助婴儿进行自我情绪控制与调节。如婴儿会通过语言不断地控制调节自己的消极情绪，在去幼儿园之前，会不断地用语言提醒自己"宝宝去幼儿园不哭，宝宝听话"。在要去医院看医生时会对妈妈说"宝宝听话，宝宝打针不哭"。言语的内容对婴儿情绪发展具有巨大的调节作用和重要影响，但这种调节能力也是有限的，婴儿的情绪很受情境的影响，如婴儿一到幼儿园门口，还是不能控制自己的情绪大哭起来，一看到医生开始拼命嚎叫"宝宝不打针，宝宝不打针"，但这种努力和尝试会让婴儿逐渐地学会在语言的参与下调控自己的情绪。

二、婴儿语言的获得与学习

儿童为什么能在短短的两三年的时间里就掌握复杂的语言？婴儿如何能正确掌握语音，理解词义？尤其是在认识能力发展还不成熟的时期理解复杂的语法规则，说出符合语法规则的语言？多年以来人们一直在探索、研究、解释这一现象。由于学者们对问题的解释不同就形成了不同的语言获得理论。儿童语言获得是指儿童在正常的社会环境中，不知不觉、自然而然地掌握母语的结构，学会使用本民族的通用语言。

婴儿语言获得的相关理论。婴儿是如何获得语言的？学者们致力于研究语音获得、词汇获得、语法获得及语用现象，并形成了三种有影响力的语言获得理论。即后天环境论、先天决定论、先天与后天相互作用论。

后天环境论：是以美国心理学家华生为代表的行为主义学派理论为基础的。该理论认为儿童的语言能力完全是后天获得的，强调环境和学习对语言获得的决定性影响。主要有影响力的观点有两种：模仿说和强化说。早期模仿说理论的代表人物是阿尔波特（F. Allport），认为儿童学习语言是成人语言的简单翻版。后期怀特赫斯特（Whitehurst）发展了其观点，提出了选择性模仿说，认为儿童学习语言是有选择性的模仿，是对示范者语言结构的模仿，而不是对其具体内容的模仿，选择性模仿是在正常的自然情境中发生的语言获得模式。强化说代表人物是斯金纳（Skinner），把儿童的语言获得看成是刺激→反应→强化的过程。主张强化是语言学习的必要条件。言语行为和其他行为毫无区别，都是一系列刺激和反应的连锁活动。

后天环境论在解释儿童是如何获得语言方面问题上有其积极意义，对儿童语言获得过程中的一些现象解释合理。比如儿童在出生后的几年时间里，最先学会接触最多的那种语言；儿童常常因为观察和模仿同伴或成人的话语而感到快乐；语音与反复出现的情境之间的联系能使儿童理解词义。儿童最初获得的词很可能就是通过刺激→反应→强化的过程而建立的。但这种理论也有明显的缺憾，如不能解释儿童运用语言的创造性和对语法规则的敏感性；不能解释语言获得"关键期"的存在；无法解释刺激与反应之间的间接性和多样性等等。

先天决定论：强调先天的遗传因素在语言获得中的决定性影响，忽视甚至否定后天环境和学习因素的影响。最有代表性的理论就是先天语言能力说。先天语言能力说是乔姆斯基（Chomsky）提出的，是一种天赋假设学说。乔姆斯基认真研究和观察了婴儿掌握语言的过程，对一些现象进行了概括性的阐释，如儿童学习母语非常迅速却费力甚少，儿童通常在五岁的时候就能够熟练地掌握其母语。儿童学习自己的母语从来没有像学习诸如数学、化学等学科那样付出自觉的、辛劳的努力。而更为重要的是儿童最初的语言习得常常是在完全没有正式、明确的讲授下进行的。儿童学习自己母语的环境差异悬殊。但他们的习得过程经历了大致相同的阶段：不管儿童学习语言的环境有多大的差异，他们还是能够达到大致相同的语言水平。儿童在有限的时间里从有限的话语中掌握了完整的语法知识，他们不但能够理解和造出他们已经听到过的句子，而且能够造出以前从未听过的句子。他们所掌握的与其说是个别的句子毋宁说是一套语法的规则。在此基础之上乔姆斯基提出了他的理论假设：儿童大脑中有一种受遗传因素决定的先天的语言获得装置，语言获得装置包含两样东西；一套包含若干规范的语言普遍特征；先天的语言信息的评价能力，为这套普遍的语言规范和规则赋上具体的语言的值。按乔姆斯基的观点，儿童获得语言的过程实际上就是为普遍的语法规范和规则赋值的过程。儿童是主动生成与发展语言的主人，而不是只会对刺激做出被动反应的模仿者。儿童获得语言的过程并不要求儿童实际去学习语言，只要能让儿童置身于"某种适宜的环境"就可自动获得语言能力。

先天语言能力说在解释儿童是如何获得语言方面开创了一个全新的视角和思路，对儿童的研究和关注开始聚焦儿童本身，注重儿童获得语言的先天因素和儿童的主动性、创造性，改变了行为主义认为儿童是被动模仿的观点，能解释为什么任何一个发育正常的儿童，不需要任何系统的教育都能在3–5年的时间内掌握第一语言复杂的规则体系这一问题。但其理论架构仅仅是一种虚构，无法得到科学的证实。还有语言规则体系的获得不能代替语义和语用知识的获得，语言能力受语言运用的限制。理论观点也有失偏颇，忽视后天因素的作用，也就否定了语言教育的必要性。

先天与后天相互作用论：认为儿童语言的获得既有先天生物因素，也有后天环境因素。正是因为先天的生物因素和后天环境的相互作用才使得儿童具有了惊人的语言发展成就。儿童要获得语言，良好的语言环境是必不可少的，离开了环境因素的作用，儿童无法正常发展语言，同时生物因素的参与也是不可或缺的。主要有代表性的理论观点有认知相互作用论和社会相互作用论。

认知相互作用论代表人物是皮业杰，该理论认为语言来源于人类遗传结构与环境输入之间的相互作用，儿童的语言是主体与环境中的客体相互作用的结果，是"依赖于同化与顺应这两种机能从最初的不稳定状态过渡到稳定的平衡"渐进的主动建构的过程。该学习模式特别强调儿童智慧、思维等认知因素的发展对语言发展的作用，认为语言与认知相互作用、相互影响、相互反映。

社会相互作用论代表人物是布鲁纳（Bruner），该理论认为语言来源于人类遗传结构与环境输入之间的相互作用，认为环境，特别是语言交往环境在儿童语言结构获得的过程中起决定性的作用，社会相互作用论更强调儿童所处的语言环境和交往背景对儿童语言发展的作用。

先天与后天相互作用理论纠正了先天决定论和后天环境论在阐释儿童语言获得过程中的片面认识。比较全面地反映了儿童语言的获得是主体和环境相互作用的结果，但认知相互作用论过于强调认知因素的影响，对儿童的主体作用有些忽视，社会相互作用论过于强调成人的语言输入，对儿童自身加工语言的心理过程有些忽视。

婴儿语言学习的相关因素。早期的研究倾向于婴儿的语言是自动获得的，强调婴儿是在自然状态下潜移默化不知不觉掌握语言的。所以很长时间以来狭义的学前儿童语言教育关注的是3-6岁儿童语言的学习与教育，0-3岁婴儿语言的教育被排除在外，人们普遍认为母语的学习主要是一个自然而然的过程，教育不起多大的作用。随着对儿童语言活动现象不断地研究与关注，人们逐渐认识到了儿童语言的发展既是获得的过程，更是学习的过程。儿童语言学习就是指个体通过有目的的教学活动掌握某种语言的过程，是指儿童有意识地练习、记忆语言现象和语法规则，最终达到对所学语言的了解和对其语法概念的掌握过程。婴儿语言学习的主要途径有模仿活动、交往活动、游戏活动、认知活动等。如2个月大的婴儿就有了模仿语言的行为，当成人与其说话时，会注视成人的嘴巴、表情，甚至会出现明显的模仿成人发音的行为，随着年龄的增长，语言的模仿行为开始大量发生。婴儿时期最主要的模仿方式是即时模仿，即成人有怎样的言语行为婴儿同步产生，既可能是语音的模仿，也可能是语词的模仿，还可能是语句的模仿。延缓模仿行为也时有发生，即婴儿接受某种语言信息，在当时可能并没有转化成一种语言运用能力，在某个适当的情景，婴儿突然说出了某些词汇或语句。婴儿从出生的那一刻起，就产生了强烈的探求周围物质世界的需要，婴儿通过感知获得了有关周围世界的感知经验，成人则需要通过语言向孩子传递各种信息经验，儿童通过语言获得多方面的信息，形成有关周围物质世界的相关概念，提升认知经验，发展认知能力。婴儿语言的发展是以认知活动为基础的，认知活动的有效展开也需要以语言活动为媒介。婴儿从出生的那一刻就在与成人不断的交往中发展自己，语言是重要的交往媒介，也是婴儿与成人交往互动的结果。婴儿在与成人的交往中产生了语言表达的需要，也锻炼了语言表达的能力。游戏对婴儿来说是最早的、最基本的、最愉快的与外界互动的方式，婴儿最初就是通过游戏的方式探知周围的世界，语言活动既可以成为婴儿游戏的内容，也是婴儿开展游戏的重要支撑。如婴儿早期的发音游戏，在口语萌芽之前婴儿不断地进行简单音节和连续音节的发音练习，似乎在为开口说话做发音器官协调工作的准备，婴儿就是通过游戏的方式开始了语言学习的旅程。当婴儿可以开口说话，在独自游戏的过程中往往伴随着自言自语的行为，既是对游戏活动的调控，也是语言发展的很好形式。在合作游戏的过程中，语言能力更是得到了极好的锻炼，如游戏主题的选择、游戏材料的选择、游戏角色的分配、游戏过程的展开、游戏规则的理解等等都需要通过语言的方式沟通和协调，同时在游戏过程中，协商、交流、提问、应答等多种语言形式的运用提升了孩子综合语言能力。

三、婴儿语言能力的发展

前言语时期婴儿语言的发展。 0-12 个月是婴儿言语发生的准备阶段，我们把这一时期称作婴儿语言发展的前言语时期。这一时期是婴儿语音发展的核心期，婴儿语言发展的关键能力是感知语音的能力和发音能力，同时婴儿也具备了初步的言语交际能力。感知语音是婴儿获得语言的基础，新生儿就具备了一定感知声音、感知语音的能力，从出生到 12 个月，婴儿语言的发展大致经历了发出简单音节、发出连续音节、出现口语萌芽这三个阶段。

0-3 个月的婴儿是以简单音节的发音练习为主。新生儿就已经能够感知到声音的刺激，当我们用声音去刺激新生儿时，新生儿会出现对刺激的反应，新生儿还具备了感知语音与声音不同的能力，当我们用声音（如拍手、敲击）和语音（如对话）去刺激新生儿时，会出现不一样的表情、动作的反应，这是婴儿语言发展的第一步，能感知语音的特有刺激。在辨识语音刺激的基础上，婴儿还具备了最初的言语交际的倾向，如 2 个月大的婴儿对成人的语言刺激似乎就能做出回应，当成人与他"对话"时，婴儿可以进行表情、肢体动作和言语上的回应，言语回应常常以一些韵母的简单发音为主，声母还很少。在此后的 2 个月时间里，婴儿的语音模仿能力在增强，语音的符号功能也明显增强，婴儿还可以通过调节语音来达到一定的交际功能，简答的发音练习活动开始具备了语言活动的功能。

4-8 个月婴儿已经能够发出连续音节。连续音节的出现是婴儿的发音活动向言语活动转换的过渡，在不断的发出、调控连续音节的过程中，婴儿的言语理解和交际能力快速发展。此时，婴儿已经能懂得一些简单的手势、指令和词汇，如说睡觉时，婴儿会做出相应的动作或反应。但此时婴儿对语言的理解还具有一定的情境性，并不能理解语言的真正意义，比如无论是不是要睡觉，只要听到"睡觉"一词，婴儿就会做出同步的反应。此时婴儿言语交际的能力也进一步发展，在与成人或同伴的互动中出现了一定的言语交际规则，如婴儿在与同伴或成人的"对话"过程中，会出现对视、轮流、应答、等待、挑逗等言语交际行为的雏形。

9－12个月婴儿出现了语言的萌芽。婴儿能够开口说话的标志是说出第一个有意义的单词，大约在10个月婴儿就可以开口说话了，但能表达的语言内容还非常有限，多是具体的常接触的人、物或动作等。在这一阶段婴儿语言的理解能力优于表达能力，婴儿能理解的词汇、语言大大多于能表达的词汇、语言，也就是说婴儿的听觉已经语言化了。如对婴儿说妈妈抱抱，他就会扑向妈妈；妈妈带宝宝溜溜，他就会把手伸向妈妈；妈妈要去上班了，他就会挥手跟妈妈再见等等。经过大约一年时间的储备，婴儿开启了语言发展的新旅程。

言语发生时期婴儿语言的发展。12－24个月婴儿开启了学习语言的真正历程。这一阶段是孩子真正获得语言能力的时期。12－18个月婴儿可以说出有意义的语言，但以单词表意为主，是婴儿用词代句的一种言语形式。在此年龄阶段，儿童常用单词描述情境、事件或表达自己的愿望。这种言语的交际功能极为有限，通常只有与儿童熟悉的人，结合具体情景才能理解其意。此时，婴儿对语言的理解能力迅速发展，开始能真正理解语言，对熟悉的事物和事件的理解甚至可以摆脱具体情境的局限，如可以按照妈妈语言的指令独自完成任务，不需要借助动作或表情等的提示。但婴儿能说出的单词有限，儿童在给事物命名和使用新词时常用声音代替事物，因为声音是事物的外显特征，儿童的听觉中枢的成熟早于说话中枢，听觉能力的发展也相对成熟较早。18 到 24 个月，婴儿语言的表意功能更为完善，开始出现语句的萌芽。此时，婴儿经常能说出由两个词组成的句子，语句简略，结构不完整。在此年龄阶段，婴儿的词汇量迅速增长，出现词语爆炸现象，双词句增长速度加快。词语理解能力也不断提高，并且正在逐步摆脱具体情境的制约。双词句阶段是儿童语言从单词句为主到以单句为主之间的一个过渡阶段。通过使用双词句，婴儿语言的交际功能进一步完善，并且婴儿的语法意识明显增强，尽管此时婴儿的语言句子成分常常缺漏，主要使用名词、动词、形容词等实词，略去连词、介词，但语句萌芽开始出现，语法规则意识开始萌生，标志着婴儿初步获得了语言。

口语获得时期婴儿语言的发展。24-36 个月婴儿已经基本上掌握了母语，语言的核心要素婴儿已经基本掌握。婴儿的语音更为规范，常常是只有个别语音不能准确发出；日常交流常用的词汇婴儿也已经可以理解和使用，积极词汇更为丰富；语法意识更为明晰，能用多种句式表达，口语表达能力有了明显提高。到本阶段后期婴儿已经可以用语言较为自如地来表达自己的需要、想法、情感等，语言交际功能进一步拓展和完善。24-30 个月可以概括为初步掌握口语阶段，此阶段婴儿词汇量迅速增加，对词义的理解更为准确和规范，已经基本上可以理解成人的语言，语言的表达更为准确和完善。语句的表达更为规范，主要以简单句的表达为主，语句的含词量不断增加，句子的含词量或语句的长度是判断此阶段婴儿语法能力的重要标志。婴儿的句式表达更为多样，开始出现疑问句，这是婴儿语言能力和认知能力发展的重要节点，疑问句是婴儿关注外部世界，与外部世界交换信息的重要方式，也是成人理解婴儿认知发展的重要途径，通过婴儿与成人之间不断的相互提问和应答，信息交流的通路搭建完成，婴儿理解语言，表述思想的能力进一步发展。30-36 个月婴儿已能说出符合语法规则的语言，句式结构更为多样，能说出完整的句子，简单句、疑问句、复合句等都可以运用。婴儿语言的表意功能越来越准确和完善，在与同伴和成人交流时，已经具备了陈述、提问、回答、请求、争辩、掩饰、解释等语用方式。但婴儿的表达还不流畅，会有重复、口吃、停顿等现象，可能是因为此时婴儿认知和理解能力获得发展，语言的基本要素已经掌握，但语言的实践能力还有待于进一步提高，也就是婴儿的内部语言还不丰富，内部语言转化为外部语言还需要一个不断熟练和自如的过程。

四、婴儿语言能力的建构

树立正确的语言教育观。如何提升婴儿的语言能力？首先是我们需要理解和树立正确的语言教育观念，当前在全语言教育的思潮下，有三种语言教育观念具有重要的实践指导意义与价值：完整语言教育观、整合教育观、活动教育观。完整语言教育观是当前儿童语言教育的一种思潮，它建立在近些年对儿童语言发展的研究成果基础之上。首先强调语言教育目标应当是完整的，完整的语言教育目标应该包括培养儿童的听、说、读、写四个方面的情感态度和能力。在所有的目标中，培养学前儿童的语言交往和运用能力，应成为语言教育的重点。其次语言教育的内容应当是全面的、完整的，完整的语言教育内容是指在选择和编排语言教育内容时要把语言的学习看作一个整体，语言的学习不是割裂的语言要素的学习，而是在交往和运用语言的过程中提升语言能力的过程。再次语言教育的活动应当是真实的、形式多样的等。教师在组织活动时着眼于创设真实的、多样的、双向交流的情境，使语言教育活动过程成为教师和学前儿童共同创设的、积极互动的过程。整合教育的观念意味着把儿童语言学习看成一个整合的系统，充分意识到儿童语言发展与其他方面发展是整合一体的关系。在儿童语言发展过程中，他们的每一个新词、每一种句式的习得，都是整个学习系统调整、吸收与发展的结果。活动教育观是指以活动的形式来组织学前儿童语言教育活动的过程。通过活动，帮助学前儿童学习语言，使儿童在生动活泼的操作实践中动脑、动口、动手，成为语言活动的主动探求者和积极参与者。

践行语言能力培养的核心价值理念。 儿童语言的发展是儿童发展与教育重要的内容，1932 年陈鹤琴主持制定的《幼稚园课程标准》就明确规定了语言领域的目标，这一时期的语言教育侧重于文学教育，强调语言情感符号的学习。重视文学语言审美特征的感受、体验和创造性的表现，也非常重视以文学语言促进一般语言的发展，促进对应、讲述能力的发展。新中国成立后在 1952 年制订了《幼儿园暂行教学纲要》，在语言领域重视语言知识的学习，强调发音、词汇和语法等语言构成要素的系统性学习，比较重视上课，对日常生活和游戏中的语言教育则重视不够。在改革开放之后，比较有影响的是 1981 年颁布的《幼儿园教育纲要（试行草案）》，其中语言教育的目标较为清晰明确，且操作性较强，根据语言教育的任务提出六项深浅不同的要求，包括：语音要求、词汇要求、日常语言交往要求、连贯表达要求、文学作品学习要求、阅读图书和听广播的要求。非常重视语言基础知识和基本技能的教育。但目标制定仍从语言构成要素的角度出发，在口头语言运用方面，对语言技能的要求很少提及。在文学作品学习方面，更多提出知识方面的要求，没有真正体现文学作为一种艺术作品对儿童发展的价值，对文学作品"欣赏、体验"等方面也没有明确的要求。对早期阅读的目标要求没有明确定位。

指导学前儿童语言教育走向科学发展路径就是《幼儿园教育指导纲要（试行）》和《3－6岁儿童学习与发展指南》所确定的语言领域的目标，这两个重要文件其核心价值理念一脉相承，引领了学前儿童语言学习与教育正确走向。《纲要》与《指南》阐明了学前儿童语言的学习不仅仅是语言知识、语言要素的学习，更是语用能力的发展。明确指出幼儿语言学习与发展的核心是语言交往能力的成长，幼儿的语言能力是在交流和运用的过程中发展起来的，要为幼儿创设自由、宽松的语言交往环境，鼓励和支持幼儿与成人、同伴交流，体验语言交流的乐趣，让幼儿想说、敢说、喜欢说并能得到积极回应，创设支持性的语言教育环境成为实现幼儿语言教育的首要任务。《纲要》还明确了早期阅读的重要性和可行性，《指南》进一步把学前儿童语言能力的发展界定为倾听、表达、阅读、书写准备四个维度，体现了全语言教育观。

婴儿语言能力建构的具体策略。 正确语言教育观的树立与语言教育价值理念的解读为建构儿童的语言能力提供了理论上的储备与实践上的指导。在婴儿语言能力建构的过程中，我们要认真倾听，积极回应；要与婴儿积极互动，鼓励婴儿在自己语言发展的水平上积极表达；要引导婴儿采用恰当的语用方式与成人同伴交流，学习使用适当的礼貌语言交往；要允许婴儿创造性运用语言表达自己的想象和思考；要支持婴儿在真实的课程活动中增长语言经验；要同步开展倾听活动、自由表述活动、阅读活动、前书写活动等等。

前言语时期婴儿语言能力的建构（0-1 岁）。在此阶段，婴儿语言能力发展的核心是语音能力，即感受语音，发出语音，言语交际。因此成人要着力培养婴儿的语音能力及最初的言语交际能力。首先要给婴儿感受语音的机会，新生儿时期就要让孩子倾听各种声音，如好听的音乐，儿童歌曲，电视节目的声音，生活中的声音，大自然的各种声音等。当然要注意声音刺激的适宜，以乐音为主。同时还要让孩子感受语音的刺激，妈妈要经常与婴儿对话，让孩子去分辨语言、声音、不同语言的区别，对声音刺激敏感。其次在让婴儿感受声音的基础上，还要用鼓励、强化等方式诱导婴儿进行发音的练习，鼓励婴儿发音，促进大脑语言中枢的成熟，协调发音器官的工作。在进行语音练习时，要注意建立语音和实体的联系，即让语音和动作、实物、情景同时呈现，让婴儿感知语音的意义。还有，要与婴儿进行正式的互动和交流，让婴儿体验口语交际的基本规则，如注视、轮流、等待、回应、发起等，最初的交际规则的感知和体验对日后提升孩子的语言交际能力意义重大，婴儿可以在第一个交际敏感期获得良好的发展，也有助于孩子认知与社会性的发展。在此阶段还要注意让婴儿不断与周围的物质世界互动，丰富婴儿的生活内容和语言环境，开展早期阅读活动等，婴儿语言的发展与认知的发展是同步的，前言语的储备工作做得充分，随着孩子认知能力的不断发展，自然就进入了言语发生的时期。

言语发生时期婴儿语言能力的建构（1－2岁）。此阶段婴儿可以开口说话了，是婴儿真正获得语言的开始。在这一时期，婴儿语言能力的核心是掌握语言知识（即语音、词汇、语法语言要素的学习），获得语用能力（即运用语言与他人积极互动交流的意识与初步能力）。因此，成人首先要不断地与婴儿互动交流，提供规范的语音、词汇、语句的示范。在语音的掌握上，要注意运用合适方式纠正孩子不正确的发音，如示范模仿、游戏练习、重复暗示等等。要结合具体的事物、情景等丰富孩子的词汇，首先是名词和动词，这两类词汇有具体事物和动作的支撑，孩子较为容易理解和掌握，也要适当引入一些形容词、副词等等，形容词和副词会让孩子的表达更为生动和准确，提升孩子的语用能力。在语句的表述中，要鼓励孩子多开口，成人要耐心倾听并给予积极应答，在孩子"局限语句"表达的基础上，做高于孩子表达能力的"规范语句"示范，引领孩子完整语句表达能力的发展。如孩子能用单词句去表述，我们可以补充为双词句的表述示范，孩子能用双词句表述，我们可以补充为主谓句、谓宾句、主谓宾句的表述示范。关注孩子语用能力的获得，在语言要素学习的过程中，同步发展孩子的语用能力，创设自由、宽松的语言交往坏境，鼓励孩子与成人、同伴积极互动和交流，使孩子想说、敢说、喜欢说并能得到积极回应。还可以开展多种形式的语言游戏活动、早期阅读活动等，游戏是孩子最喜欢的活动方式，游戏可以提升孩子运用语言的趣味性和功用性，早期阅读活动可以开阔孩子的视野，丰富孩子语言知识，提升孩子综合的语言运用能力。

口语获得时期婴儿语言能力的建构（2－3岁）。2－3岁是婴儿基本掌握口语阶段，这一阶段将持续到入学前。在此阶段婴儿语言发展的核心能力表现在两个方面，一是语言知识进一步丰富，语音、词汇、语法等语言要素的学习较前一个阶段有长足的发展与进步；语用能力也进一步发展和完善，语用技能即指在具体情境中正确理解和得体运用语言进行有效交际的能力。婴儿可以用语言来表达自己的需要、想法与情感，用语言来调节自己的动作与行为，实现了用语言与成人较为自如的交往。这一时期，成人应着重培养孩子的语用技能。语用技能可以从语言操作能力、对交际外在环境的感知能力、心理预备能力三方面考察和培养。语言操作能力是指婴儿的语言表达能力和语言理解能力，可以通过渗透的语言教育活动和专门的语言教育活动培养婴儿的语言理解和表达能力。如我们可以在一日生活的各个环节给婴儿创造一个自由宽松的语言交往环境，激励婴儿积极表达自我，培养听、说、读的良好习惯和能力。也要重视专门的语言教育活动的作用与价值，如可以开展语言教育的游戏活动、早期阅读活动、谈话活动、文学教育活动等，有目的有重点地培养婴儿的语言理解能力和语言表达能力。

外部环境的感知能力一是对交际对象本身特征的敏感性，二是对交际对象反馈的敏感性。这是较为高超的语用技能，婴儿在很早的时候就具备了这种能力，如对陌生人、爸爸妈妈、溺爱他的奶奶婴儿在对话交流时，语气、选词造句会有明显的不同，反映了婴儿对交际对象本身特征的感知能力。婴儿能根据听话人的表现调整自己表述的方式或内容，反映了其对交际对象反馈敏感。在与婴儿的互动和交流的过程中，成人要示范这种交际感知能力，同时要积极回应和解读婴儿表现出的这种能力，要给予关注和指导，婴儿这种能力最初的发展是以后交际敏感性发展的重要基石，能有效提升孩子的人际交往能力。心理预备能力是指婴儿具备交流意愿，婴儿对话题感兴趣是关键。因此，在语言能力建构的过程中，一定要选择婴儿熟悉的感兴趣的话题，婴儿对话题应具有感性经验，在此基础上努力培养婴儿交流的意愿，才能充分体现婴儿语言能力建构核心价值理念。

第7章

婴儿的社会认知

一、婴儿社会认知的内涵

社会认知的概念。关于社会认知的概念，不同的心理学理论对其所下的定义也不同。社会心理学家认为：社会认知是对人的复杂社会行为的认识。信息加工论认为：社会认知是对影响个体对信息的获得、表征和提取因素的研究，以及对这些过程与知觉者的判断之间的关系的思考。发展心理学家认为：社会认知是对那些发生在他人和自己身上的心理事件以及人们对社会关系的思考。以上定义都是从自己的角度出发来界定社会认知，表述虽然不同，但其中都有一个共性，那就是社会认知都与人有关，都与社会有关，这应该是我们对社会认知理解的关键点。个体出生后就来到人类社会中间，成为其中一名重要成员，如何在社会中生存，如何实现与他人的互动，如何使自己的行为符合社会要求，这些都需要个体去学习。因此，个体出生后不仅要对物理世界进行认知，而且还要对社会世界进行认知，通过这两类认知使个体获得有关物理世界的非社会性知识和有关人类世界的社会性知识，这样才能保证个体的心理得到健全发展，并成为一个合格的社会成员。

婴儿社会认知的内容。个体社会认知的内容十分广泛，包括对他人行为、心理特征及原因的认知；对个体间相互作用关系的认知；对群体内成员间的角色、关系及结构的认知；对有关个体心理状态的认知等。这些社会认知内容是随着个体的心理发展逐步注入个体的心理世界，成为个体社会认知的内容，其出现和发展具有先后顺序，对于婴儿阶段来说，其社会认知处于刚刚起步阶段，此阶段他们所要完成的社会认知内容相对简单，主要表现为获得自我意识，建立性别角色，了解行为规则，学会认识他人。

自我意识。刚出生的婴儿纯粹就是一个自然人，此时他和其他动物有机体没有什么差别，但是由于婴儿出生后就进入到人类社会，接受人的影响，因此很快就开始由自然人向社会人的过渡，过渡完成的标志就是自我意识的建立。自我意识是一个含义很广泛的概念，包括自我知觉、自我认识、自我体验、自我评价、自我控制等，婴儿阶段是自我意识的萌发时期，其发展内容主要涉及自我知觉和自我认知两个方面。自我知觉就是指个体能够知觉到自己是一个独立的个体，自己拥有一些特征，自己能够独立行动。婴儿出生后很长一段时间不知道自己是一个独立的个体，虽然此时他们能看、能听、能做出动作，但是他们不知道是自己在看、在听、在行动，甚至连身体器官是自己的都不知道，此时个体处于一种物我不分的状态。自我知觉发展起来后，婴儿知道自己和客观事物是分离的，自己可以运用感官去认识事物，自己可以运用肢体去作用于事物，同时能够对自己的感觉经验进行整合。自我认知是把自己当作一个客体来进行认识，是通过与他人的互动来了解自己的特征，从而知道自己和他人不同，知道了他人是如何看待和对待自己的。

性别认知。婴儿的个体差异中，也许性别差异是最大的差异，因为其他方面的差异很多都源于性别差异。人类生命个体在受孕的那一刻就确定了个体的性别，而后的发展始终都按着性别的发展模式进行，形成具有独特性别特征的个体。对于个体的性别问题，无论是在什么样的文化背景下，都是人们比较关心的问题，因为性别的不同，会使个体所面临的问题和所接受的影响都不同，从而就会导致个体发展的不同。婴儿出生后，对于自己的性别没有认识，他们不知道自己的性别，在他们的世界里没有男性和女性之分，在他们的眼里，所有的婴儿都是一样的。人类社会是由男女两性来构成，作为个体社会化的一项主要任务就是对人的性别进行区分，作为婴儿的性别认知，首先就是要知道自己是男孩还是女孩，能够从性别上实现对自己和他人的区分，并且能够把这些经验整合到自我概念当中。在明白自己的性别后，知道男孩和女孩的差别，知道男孩和女孩应该有什么样的特征和行为，进而建立稳定的性别角色，使自己的身心发展始终都按着性别模式的要求来进行。

交往认知。婴儿作为一个社会成员，始终生活在人群当中，必须和人互动、沟通和交往，因此对于他人的认识，获得有关人际互动的认知是非常重要的发展内容。婴儿的交往认知，首先就是要认识到自己和他人的不同。婴儿在与他人互动过程中，知道自己和他人是不同的个体，他人有和自己不同的需要、想法和愿望，因此不能用自己的想法和愿望去代替他人，自己所注意的不一定是他人也注意的，自己想要的不一定是他人想要的。其次是认识到自己和他人的互动是双向进行的。婴儿在与他人互动过程中，慢慢知道自己和他人的行为和反应是轮流进行的，互动不是一个人的事情。比如在婴儿与父母的亲子互动中，婴儿是在看到父母的某种表情和动作之后，才会做出某种反应，而后等父母再有新的反应之后，婴儿才会再做出反应，其间婴儿似乎懂得双方的反应应该是交替进行的，因此在自己反应之后知道去等待对方的反应。最后是认识到自己和不同的人会有不同的互动。婴儿身边的人总是会发生变化，当人发生变化后，婴儿会从陌生变为熟悉，会从不适应慢慢适应，其间就在于婴儿学会了和不同人的互动，这种能够根据不同人采取不同的互动方式是婴儿交往认知的重大进步。

道德认知。道德认知作为社会认知的重要组成部分，对于婴儿来说似乎遥远了点，因为婴儿受认知能力发展的限制，还不能从认知层面去对道德问题进行判断，还不能就某个事件的是非曲直做出明确区分，因此很难谈到婴儿具有道德认知。同时，婴儿的生活范围有限，接触的人也有限，婴儿在与他人互动中所产生的矛盾和冲突也不具有道德评判的意义，所以要想考证婴儿的道德认知缺少生活依据。道理虽是如此，但实际则不然，婴儿身上很早就有同道德相关的行为表现，比如婴儿的分享行为、安慰行为，这些行为的出现就意味着婴儿愿意把自己的东西与别人一起亨用，能够意识到他人的情绪和行为原因，并做出安慰行为，这些都是在婴儿能感知到他人的内在需求后所做出的反应，在某种程度上就具有了道德的某种内容。等到婴儿语言发展起来之后，婴儿能对成人的一些口头要求和禁令进行遵守，并知道怎么样可以不违反这些要求和禁令，违反之后自己所产生的害羞和内疚，都表明婴儿对规则有了反映，在他们的头脑中开始建立起某种规则意识，这些都是道德发展的前提，没有这些最初的规则建立，更高水平的道德也就无从谈起。

二、婴儿社会认知的意义

获得自我概念，促进自我发展。个体自我的发展在心理发展中具有非常重要的地位，只有自我发展完善了，个体才会成为一个合格的社会成员。婴儿通过自我知觉获得了主体我，通过自我认知获得了客体我，而后通过进行整合，使个体获得自我概念，并在自我概念的统领下实现自我的发展。自我概念包含自我认识、自我评价、自我体验和自我完善。自我认识是基础，也就是对自己所拥有的心理属性的认识，最主要的是知道自己的优点有哪些，同时存在哪些不足，其实能够认清楚这些并不是件容易的事，因为我们每个人都有一个弱点，那就是容易看到自己的优点，不容易发现自己的缺点。一个人只有认清楚自己的优缺点后，才能客观地看待和分析自己，并以此为基础进行自我评价。自我评价是对自己的价值判断，这种判断可能客观，也可能主观，如何评价主要取决于自己是否有正确的自我认识，如果一个人总是看到自己的优点或是缺点，而不能兼顾，那么就可能导致自我评价的主观，要么骄傲自满，要么悲观自卑，不管是哪种评价都是对自我发展不利的。要想获得客观的自我评价，一是要认清自我，二是要从别人的评价中来分析自我。自我体验是在自我评价的基础上所产生的主观情绪体验，这种情绪体验可能是积极的，也可能是消极的，积极的体验会成为自我发展的动力，消极的体验会成为自我发展的阻力。自我完善就是在以上几种因素的基础上，个体通过自己的努力去发扬自己的优点，克服自己的缺点，使自己不断朝自己所设想的理想自我目标前进的过程。

确立性别角色，防止性别错乱。婴儿通过性别认知，知道自己的性别后，就能以此为基础获得更多的有关性别的知识，进而帮助自己确立性别角色。性别角色的确立对于个体的发展具有非常重要的意义，一个人在社会生活中会扮演不同的角色，每一个角色都有一套约定俗成的规则需要个体去遵守，这是社会已经规定好的，不管我们愿意还是不愿意，只要扮演了某个角色，就一定要按角色的要求去行事，否则角色扮演就会不成功，不被社会所认可和接受，从而使自己不能适应社会，显得与社会格格不入。在众多的角色中，性别角色就是其中之一，不同的性别角色有不同的社会要求和行为方式，这些都需要个体从认识自己的性别开始一点点地建立。婴儿知道了自己的性别后，除了知道男孩和女孩具有生理差别外，还会在生活和游戏中慢慢知道更多与性别有关的事实，比如男孩和女孩穿的衣服不同，梳的头发不同，玩的玩具不同；在游戏过程中男孩喜欢打人，女孩喜欢安慰别人，男孩不爱哭，女孩爱哭；随着语言和认知的发展，在成人的教导下，慢慢知道男孩应该勇敢、坚强，女孩应该温柔、听话等。这些有关性别经验知识的获得，就会帮助婴儿建立性别角色，之后就会按照性别角色的要求来行为，从而使自己成为一个合格的男性和女性。如果婴儿没有获得这些性别知识，或是按照相反的方式来获得性别知识，那么他们的性别角色就建立不起来，之后随着成长，就有可能出现性别倒错，使自己不能成为合格的男性和女性。

建立人际关系，促进同伴交往。婴儿通过交往认知，可以获得与人际交往有关的知识和经验，这些知识经验是婴儿以后进行人际交往必不可少的，因为作为一个社会成员，婴儿以后会有不同的人际交往关系，包括婴儿时的亲子互动、幼儿时的玩伴、童年时的同伴、青少年时的朋友、青年时的恋人、中年时的爱人、工作中的同事和领导等等，所有这些人际关系的建立和进行都离不开一定的交往经验和知识，这些知识经验就来源于婴儿最初的交往认知。婴儿通过交往认知，使自己愿意和人交往，敢于和人交往，会和人交往。愿意和人交往是前提，婴儿自一出生，就对与人有关的刺激感兴趣，喜欢看人的面孔、听人的声音、看人的行动，正是出于对人的喜欢，婴儿才乐于与人互动，并在互动中获得快乐。敢于和人交往是关键，婴儿只有不断地和人接触，才能更好地了解人，了解人们对于自己的态度和行为，这样就不至于产生明显的怯生，即使有了怯生，也会随着交往的深入而逐步克服由怯生所带来的恐惧感，这一点对于婴儿的人际交往非常重要，如果婴儿从小就有过强的怯生，而后又不能得到克服，那么其长大后就会对人有一种恐惧感，尤其是对新接触的陌生人，由于恐惧感的存在，导致他们不敢和他人接触，从而影响人际关系的建立。会和人交往是保障，婴儿的人际交往经验来自不断的和人的互动，在互动中了解他人、认识他人，在互动中知道了自己的反应和他人的反应，并学会如何调整和协调与他人的互动关系，这些经验慢慢会在婴儿的头脑中形成人际交往的图式，并在以后的人际交往中得以应用，建立更多更复杂的人际交往关系。

树立规则意识，形成道德萌芽。人类社会的组成和运行是按照某种规则来进行的，这些规则对人们的行为具有约束作用，人们是按照规则的约束来与他人互动和交往，任何人违反规则的行为都将受到惩罚和谴责，从而会影响到自己与他人的交往。规则分不同的层次，从国家层面来说有法律制度，从社会层面来说有道德规范，从个体层面来说有品德规范，这些规则能够对个体的行为起到约束作用，前提在于个体把这些规则加以内化，成为个体行为系统的有机成分，然后才能在个体的行为中发挥作用。婴儿在与他人的互动交往中，习得了一些行为规则，知道这些行为规则是自己和他人必须遵守的，只有双方在遵守规则的基础上才能实现有效的互动，否则就会使交往中断。同时，他们也发现，当自己违反某种规则就会给他人带来某种伤害，这一结果往往不是自己想要的，而且当别人违反规则给自己带来伤害时，自己也会感觉很难受，因此为了避免这种不良后果的产生，所以他们就学会了在规则约束下来行为，使自己的道德心开始萌芽。生活中，如果父母不能意识到这一点，缺乏对孩子的管教，使婴儿从小就不知道何为规则，无论在何时何地，想干什么就干什么，经常因为自己的行为给他人造成损害，自己不但没有愧疚之心，而且父母也视而不见，这样发展下去，婴儿就不能建立起规则意识，行为就缺少约束，长大之后就形成不了良好的道德品质，从而使自己成为一个不道德的人。

三、婴儿社会认知的发展

婴儿自我意识的发展。婴儿自我意识的发展主要表现为主体我和客体我的发展。主体我是在主观上构成的自我，体验着自己的身体、心理和关系，具有调整、控制、组织的功能；客体我是对主体作为客观存在的个体来认识的自我，是个体在与环境、他人之间的互动中产生的，是社会的自我。对婴儿自我发展进行研究最常采用的方法就是"点红实验"，通过此实验考察婴儿对镜像自我的反应，进而分析婴儿自我的发展。点红实验就是在婴儿的脑门或鼻子上点一个红点，然后让婴儿照镜子，看婴儿对镜中的自己的反应，看婴儿是否会伸手去触摸自己脑门或鼻子上的红点，通过观察这些行为就可以了解婴儿的自我发展状况。很多研究者都采用这一研究范式对婴儿自我的发展进行了研究，得出了大体一致的结论，其中哈特通过对大量研究的总结，提出了一个婴儿主体我和客体我的发展体系。哈特把婴儿自我的发展分为五个阶段：第一阶段为5-8个月，此时婴儿表现出对镜像的兴趣，做出一些抚摸、接近的动作，但对自己和其他婴儿的镜像没有区别，说明婴儿不知道镜像是自己的，因此这时婴儿还没有萌生自我认知；第二阶段为9-12个月，此时婴儿可以通过自己的主动动作引起镜像中的动作，表明婴儿对自己作为活动的主体的认识，产生了初步的主体我；第三阶段为12-15个月，此时婴儿已经能够把自己和他人的动作分开，对自己镜像与自己活动之间的联系和关系有了清楚的知觉，主体我得到明确的发展；第四阶段为15-18个月，此时婴儿做出了触摸红点的行为，表明婴儿认识到客体特征来自主体特征，对主体特征有了稳定的认识，客体我开始产生；第五阶段为18-24个月，此时婴儿可以使用人称代词来标示自我，已经能够意识到自己的独特特征，能从客体中认识自己，用语言标定自己，具有了明确的客体我。哈特关于婴儿自我发展的五个阶段，其中前三个阶段为主体我的发展，后两个阶段为客体我的发展，是被人们普遍接受的理论。

婴儿性别认知的发展。关于婴儿性别认知的发展问题，不同的心理学理论给出了不同的解释。精神分析派的弗洛伊德认为个体的性别认知源于个体对父母的性兴趣，通过恋母情结和恋父情结实现对男性和女性性别特征的认同，建立性别角色；社会学习理论认为，个体通过分化强化和观察学习获得性别认同，分化强化即个体表现出与其性别特征一致的行为时受到鼓励和奖赏，表现出另一性别特征的行为时会受到惩罚和阻止。观察学习指个体通过观察获得同性别榜样的态度和行为特点；认知发展理论认为，个体的认知对于性别发展的作用，个体必须先形成关于性别的认知结构后，才会表现出性别化行为；生物社会学理论认为，个体经历的生理性事件影响到性别认知的发展，如个体从父亲处获得的是 X 还是 Y 染色体，性腺的发育，生殖器的形成，这些性别的遗传因素可能导致个体在人格、认知能力和社会行为上表现出性别差异。尽管每种理论所强调的方面不同，但从中可以看出，婴儿的性别认知是比较早地就开始发展，是其社会认知发展的重要内容。婴儿 4 个月时，就可以在感知觉测验中将男性和女性的声音与照片进行匹配，这表明婴儿很早就对有关男性和女性的明显特征能够进行区分，并能够实现特征之间的联系。1 岁左右的婴儿能够恒定地区分男性与女性的静止照片，比如头发的长短、服饰的颜色等，这表明婴儿可以从客体的角度对男性和女性进行区分，表现出很好的性别认知能力。2 - 3 岁时，随着语言的发展，婴儿开始对有关男性与女性的词汇感兴趣，能够准确理解意思，并能够正确运用指示性别的词语，如使用爸爸、妈妈、哥哥、姐姐、弟弟、妹妹，然后慢慢知道并使用男孩、女孩、叔叔、阿姨等词汇。能够利用语言来对男女两性进行区分，表明婴儿的性别认知获得了抽象的发展。3 岁左右性别角色开始萌芽，开始知道不同性别角色的行为特征，并在生活中让自己的行为符合性别角色的行为特征。

婴儿交往认知的发展。婴儿的交往认知是在与抚育者的依恋关系基础上发展起来的，婴儿通过哭声、微笑等情绪信号实现与抚育者的互动，并以此为手段与抚育者建立起依恋关系。在依恋关系中婴儿获得了最初的交往认知，首先婴儿意识到在社会互动中，参与互动的双方是轮流做出行为和反应的，他们知道是自己先发出信号，抚育者才会来到身边，是自己先看到抚育者的微笑，抚育者才会报以微笑；其次婴儿意识到通过社会互动，自己能够以一种一贯的、可预测的方式影响他人的行为，比如婴儿知道只要自己一哭，抚育者就会来到身边，每次都是如此，同时发现只要自己保持微笑，抚育者也会保持对自己的微笑，这些都说明婴儿已经看到自己行为与他人行为的关系，知道彼此间的行为是相互联系的；再次婴儿通过互动能够建立起对抚育者的信任，这种信任是在多次的互动基础上使婴儿的需求得到满足，从而使婴儿确认这种关系是稳定的，是可以继续保持下去的一种关系。在亲子依恋的基础上，婴儿开始对同伴发生兴趣，开始新的交往认知。婴儿大约在3~4个月的时候，就能够对其他婴儿进行注视和触摸，表现出对婴儿的兴趣；在6个月的时候可以对其他婴儿进行微笑，并对其发出牙牙的声音，通过这些反应向同伴表示友好和引起对方的注意；1岁时能够与同伴一起活动，并在互动中出现了交流行为，如微笑、打手势、模仿等，并通过这些行为进行相互影响；1岁以后同伴间的相互协调的互动行为出现的频率明显增加，最主要的形式就是在游戏中的模仿行为，通常是自己不知道干什么时，就观察同伴的行为，然后做和同伴同样的行为，玩同样的玩具，反之自己的行为也可能会被同伴进行模仿，这种相互模仿是婴儿的主要互动方式；2岁时婴儿开始使用语言作为工具来实现与同伴的互动，他们在游戏时总是喋喋不休，有时指向自己，有时指向同伴，表现出利用语言来影响和谈论同伴的行为，使交往认知获得了更大的发展。

婴儿道德认知的发展。婴儿的道德认知发展相比于其他社会认知内容的发展表现不是很明显，原因就是婴儿的生活范围有限，接触的具有道德意义的事件少之又少，即便是有但由于认知的不成熟，不能对其做出道德上的反应，所以婴儿的道德认知发展似乎无从考证。实际上不然，心理学家早就对此问题进行了研究，并提出了一些有关婴儿道德认知发展的看法。对此问题较早进行研究的是皮亚杰，他采用临床法和对偶故事法对儿童的道德发展进行了研究，研究的内容主要集中于儿童对游戏规则的理解和使用、儿童对撒谎和说真话的认识、儿童对权威的认识。通过研究，皮亚杰认为婴儿阶段属于道德认知发展的前道德阶段，此时婴儿没有真正的道德概念和规则，他们在游戏行为中可能会制定一些限制，但大多数玩耍和想象性游戏没有正式的规则，即使是有一些规则，也是松散的、不统一的，而且在游戏过程中很少去遵守，违反规则也不会受到惩罚。皮亚杰的这种研究范式，对于婴儿来说似乎有些过难，因此很难考察出婴儿的道德认知发展，其实婴儿身上所表现出的道德认知发展内容，可以从婴儿的亲社会行为中得到确认。婴儿亲社会行为的早期表现是婴儿的移情能力、分享和安慰行为，婴儿在看到其他婴儿哭泣时，自己也会跟着哭泣，看到母亲或他人痛苦和烦恼时，婴儿很多时候也会感觉很难受，进而会诱发哭泣，稍大的婴儿还会试图去安慰和帮助他人，虽然这种帮助不一定是恰当的，但却表现出了利他性。婴儿的分享行为主要表现在与他人互动时，比如通过指向玩具或举起玩具以吸引父母的注意，将玩具递给父母并与父母一起玩；在与同伴的游戏活动中，通过相互传递玩具、交换玩具等行为来表现分享行为。移情能力和分享行为是亲社会行为产生的前提，这些行为在婴儿身上产生和出现，不但使婴儿的亲社会行为得到发展，而且也成为其道德认知发展的内容。

四、婴儿社会认知的建构

建构婴儿的社会认知，促进社会认知的发展，一定要紧密结合婴儿社会认知发展的主要内容，根据每项内容的发展事实和规律采用合适的措施来进行。

积极的亲子互动，促进自我发展。婴儿的自我发展是由主体我向客体我的方向来进行，实现这一发展任务的最主要方式就是通过积极的亲子互动来进行。在亲子互动中，通过双方的行为和反应可以使婴儿很好地进行自我知觉和自我认知，比如婴儿早期双方的相互注视、微笑、做鬼脸、相互触摸，使婴儿知道自己可以做出那些行为和反应，并学会控制自己的行为和反应，这对于婴儿的主体我认知具有重要作用，婴儿后期通过双方的游戏活动和语言交流，可以使婴儿了解自己的一些特征可以稳定地存在，并可以利用这种特征去影响他人，这都有利于婴儿客体我的认知。通过亲子互动还可以使婴儿与他人建立依恋关系，帮助婴儿实现自己作为一个主体可以从情感上和他人进行联结，从而建立起稳定的与他人的情感联系，这对于婴儿自我意识的发展都具有促进作用。如果婴儿与他人没有这些亲子互动，婴儿很难知道自己作为一个独立个体与他人具有什么样的关系，不知道该如何去影响他人，该如何获得他人对自己的关注，这就势必影响其自我的发展，因为没有机会让婴儿知道自己和他人是不同的个体，使自己总处于一种物我不分的状态，何谈自我的发展。

正确的教养方式，建立性别认同。婴儿性别认知的发展关键在于婴儿是否能够对自己的性别进行认同，确立正确的性别角色，其中性别认同很大程度上取决于父母教养方式的影响。对于婴儿性别认知发展正确的教养方式就是，男孩就应该按照男孩的方式来教养，女孩就应该按照女孩的方式来教养。比如给男孩穿男孩的衣服、梳男孩的发型、买男孩爱玩的玩具、玩男孩喜欢的游戏等，女孩同样如此，这样就可以使婴儿从一开始就知道自己是男孩还是女孩，并知道男孩和女孩应该具有哪些特征，知道男孩和女孩在生活和活动中应该有什么样的表现，通过这些知识的获得，婴儿就会建立起对自己性别的认同，确立正确的性别角色。如果不是如此教养，则会导致婴儿不能对自己的性别进行认同，进而出现性别错乱。实际生活中，有些家长对于自己的孩子并不是自己所希望的性别，因此为了满足自己内在的需求，就会在对孩子的养育上采取相反的方式来进行，比如给男孩穿花衣裳、梳小辫、买洋娃娃玩、称呼姑娘等，对女孩则给穿士兵服、剃小子头、买枪炮玩具玩、称呼儿子等，这种教养方式如果持续时间过长，就会导致婴儿出现性别认同困难，甚至会出现性别错乱，不能建立正确的性别角色。在此方面，研究者指出，如果在 18 个月以前还可以比较容易地进行更正，婴儿也很少或不会产生适应问题，如果一直持续到 3 岁后才发现问题，婴儿的性别认同就极其困难了，18 个月到 3 岁之间是婴儿性别认同的关键期，因此在此期间采取正确的教养方式对于婴儿的性别认知发展是极其重要的。

创造交往的机会，提高交往技能。婴儿交往认知的发展主要是通过与他人的交往互动来实现的，在交往互动过程中才可以了解和认识他人，才能学会自己和他人互动应该怎样进行，进而提高交往的技能。因此，积极地为婴儿创造交往的机会对于婴儿的交往认知发展是非常重要的。交往的方式可以有很多种，父母与孩子的亲子互动是最初也是最直接的方式，在亲子互动中婴儿就可以通过与父母的表情交流、动作交流、声音交流实现交往，掌握一些人际互动的手段。同时还可以为婴儿同家庭以外的他人接触创造机会，比如带婴儿去他人家里做客、带婴儿去公园和广场，在这些场合婴儿可以见到更多的陌生人，当他人与婴儿互动时，婴儿就可以实现对更多人的认识，逐步克服由怯生所带来的恐惧感，进而敢于和更多的人进行互动。另外可以多带婴儿参加一些婴儿的聚会活动，让婴儿与更多的婴儿接触，在婴儿的相互作用过程中，婴儿可以通过模仿和分享学会更多的交往技能，从而促进交往认知的发展。如果让婴儿总是一个人待在家里，不与任何他人接触，这样婴儿就会有很强的怯生感，不敢和其他人接触，更谈不上互动，这对于婴儿的交往认知发展是极其不利的。

树立良好的榜样，奠定道德基础。婴儿阶段的道德认知发展处于起步阶段，此时婴儿不能对道德行为准则进行准确的理解，更不能实现对道德行为准则的内化，因此不能从抽象的角度来实现道德认知的发展。但婴儿具有很好的观察学习和模仿能力，对于他人的行为虽然不能做道德意义上的评判，但会进行模仿，并通过模仿来使这些行为在自己身上得以固化，从而支配自己的后续行为。在对婴儿道德认知发展的教育中，说什么不是重要的，重要的是如何做，婴儿不懂得什么大道理，他们只相信自己的眼睛，他们所看到的就是他们所认可的。因此，生活中成人的一言一行对于婴儿的道德认知发展都具有示范的作用，成人一定要在行为上给婴儿做好榜样，这样婴儿才能通过模仿学习到正确的行为，并可以通过再现这些行为反应，得到他人的认可和肯定，通过这种强化作用，使婴儿的正确行为得到固定，成为道德发展的基础。有些人可能认为婴儿什么都不懂，因此不用太在意自己在婴儿面前的行为表现是否合适，其实这种想法是错误的，婴儿不是不懂，只是不能上升高度而已，但就是肤浅的认识也会给婴儿带来不良的影响，所以在婴儿的道德认知发展过程中没有什么大小事之分，只有好与不好的影响。

第 8 章

婴儿的情绪

一、婴儿的基本情绪

情绪的概念。普通心理学对情绪是这样定义的，是指人对客观事物是否符合个人需要而产生的态度体验。对于这个定义可以从三个方面来理解：第一，客观事物是情绪产生的刺激源。对于人来说，我们身上的任何一种情绪都不是自发的，而是在某种客观事物的作用下引发的。情绪的产生都是在某种刺激的作用下，是人们对客观事物所做出的一种心理应对，如果没有这些客观刺激，也就不会有任何一种情绪的产生。第二，需要是情绪产生的中介。情绪虽然是在客观刺激的作用下而引发的，但情绪的性质却不是由客观刺激所决定的，决定情绪性质的是客观刺激与人的需要之间的关系，关系不同，情绪就不同。当客观刺激符合人们的需要时，人就产生正面的情绪，如高兴、愉快、喜欢等；当客观刺激违背人们的需要时，人就产生负面的情绪，如气愤、痛苦、怨恨等；当客观刺激与人们的需要无关，此时人会对该刺激加以忽略，因此谈不上情绪的产生。第三，态度体验是情绪产生的标志。情绪是否产生，关键在于是否对客观刺激形成了某种态度，内心是否产生了某种体验，态度不同，体验就会不同，所产生的情绪就不同。

人不但具有情绪，而且还具有情感，普通心理学一般习惯于对情绪和情感下一个定义，实际上情绪和情感是不同的，他们的区别主要表现为：第一，情绪的产生是与人的生物性需要相联系，其反应的是生物性需要是否得到满足，生物性需要包括饮食、御寒、避险、排泄、求生、繁殖等，当这些生物性需要得到满足，个体就会产生积极的正面的情绪体验，反之就会产生消极负面的情绪体验；情感的产生是与人的社会性需要相联系，其反应的是社会性需要是否得到满足，社会性需要包括劳动、学习、交往、审美、奉献、创造等，当这些社会性需要得到满足，个体就会产生积极的正面的情感体验，反之就会产生消极负面的情感体验。第二，情绪出现在先，是人与动物共有的，情感出现在后，是人所特有的。第三，情绪带有很强的情境性，具有冲动不稳定的特点，而情感不具有很强的情境性，具有内隐稳定的特点。情绪一般来得快，去得也快，其间带有明显的冲动行为；情感是人对事物稳定的态度体验，一旦形成就不容易发生改变，同时情感与人对事物的深刻认识联系在一起，其存在方式是内隐的、深刻的，表达方式不是冲动的而是微妙的。

婴儿情绪的测量。情绪作为人的一种重要心理过程，其构成主要包括情绪的生理成分、情绪的行为成分和情绪的主观体验成分。婴儿是否有情绪反应？什么时候有了情绪反应？如何区分婴儿的不同情绪反应？要想对这些问题进行回答，就涉及对婴儿情绪的测量问题，测量婴儿的情绪主要就是围绕情绪的主要构成成分来进行，以便从多种角度获得证据，在综合分析的基础上对婴儿的情绪进行认定。第一，生理测量。人的任何一种情绪产生时，都会伴有明显的生理反应，这些生理反应是在中枢神经系统、自主神经系统和内分泌系统的共同参与下来实现的，生理反应的主要躯体变化包括呼吸、心跳、皮肤电、排泄等。日常生活中，每当我们有某种情绪产生时，我们就会明显地体验到这种生理反应的伴随，例如高兴时的心跳加快、面红耳热，恐惧时的呼吸变慢、浑身出汗，愤怒时的心跳加快、呼吸急促等。目前，随着研究技术的不断发展，人们已经可以从更深层次来获得有关情绪与生理反应之间的证据，这为研究婴儿情绪的产生和发展提供了重要而有效的证据。第二，行为测量。情绪产生时，不但有明显的内部生理反应，而且还伴有明显的外部行为反应，这种外部行为反应就是表情。对于婴儿的情绪测量，主要针对的是婴儿的面部表情和言语表情。面部表情是通过面部肌肉群、眼睛、眉毛、嘴部肌肉等协同配合来实现，当不同情绪产生时，这些部位就会有不同的变化，其组合方式就表明了某种情绪的产生。通过测量婴儿的面部表情来揭示婴儿情绪的产生，最重要的两个研究者是艾克曼（Ekman）和伊扎得（C. E. Lzard），他们开发出了一个"面部动作编码系统"，利用这个系统他们发现：婴儿在4个月时出现了惊奇和悲伤的表情，5－7个月时出现害怕或愤怒的表情，6－8个月时出现害羞和羞愧的表情，2岁时出现假装和内疚的表情。言语表情测量主要是通过婴儿发声的频率、响度、持续时间和声音模式等作为指标，来确认婴儿的各种情绪。第三，主观体验测量。这种测量主要评定婴儿对自己或他人情绪的解释，这必须是婴儿能够说话之后，能用语言来表达自己的想法时才能实施。实施方式一是让婴儿报告自己的某种情绪体验，另一是让婴儿完成命名、匹配或表现情绪性表情任务，通过这些任务的完成，让婴儿逐步获得有关情绪的概念，并利用这些概念对以后自己的情绪或他人的情绪做出解释和命名。

婴儿的基本情绪。人类的情绪十分复杂，人究竟有多少种情绪，可能谁也说不清楚，因为情绪从刚开始产生的时候，就体现出复杂性。著名行为主义学家华生（B. Waston）认为，新生儿有三种非习得性情绪，它们是爱、怒和怕；加拿大心理学家布里奇斯（Bridses）则认为，新生儿的情绪只是一种弥散性的兴奋或激动，是一种杂乱无章的未分化的反应，通过成熟与学习，各种不同性质的情绪才渐渐分化出来；我国儿童心理学家孟昭兰也持婴儿情绪分化理论，她认为人类婴儿有 8－10 种从种族进化中获得的情绪，这些情绪在不同诱因的作用下，按照一定次序逐步分化产生。尽管研究者的意见不统一，但对于人类来说，有些情绪不但出现得早，而且在每个人身上都存在，人们不但可以切身体验到这些情绪，而且能够对这些情绪进行准确的识别，这些情绪就可以看作是人类的基本情绪。对于婴儿来说，这些基本情绪包括快乐、痛苦、害怕和愤怒等。婴儿快乐情绪的产生主要来源于生理需要的满足和对外界刺激的积极反应，最明显外部表现就是微笑的面部表情。婴儿痛苦情绪的产生同样与生理需要有关，最明显的外部表现就是哭泣，引发婴儿哭泣的原因很多，但都与生理需要有关，包括饥饿、冷、潮湿、疼痛、睡眠被扰醒等。婴儿害怕情绪的产生更多来自后天的学习，与人的经验有关。华生认为怕是婴儿的一种先天情绪，比如听到突然发出的声音会产生吃惊反应，身体突然失去支持时的发抖、嚎叫、屏息、啜泣等，都是婴儿害怕的一种先天表现。对于此种观点得到了进化心理学的支持，进化心理学认为人类对某些事物的害怕是有进化机制存在的，比如人们都怕蛇、有毒的小虫子、恐高等。但这也只是一种解释而已，如果真是这样，那又如何解释"幼儿不怕蛇"的现象呢？因此，在婴儿身上很多害怕反应都是源于后天的学习，比如害怕黑暗、大妖怪、大灰狼等，都是成人的强化而已。婴儿的愤怒情绪在早期主要体现为华生所说的那样，即限制婴儿身体运动时，婴儿所表现出来的身体僵直、屏息、尖叫之类的反应。婴儿后期主要表现为自己的活动受阻，不能按照自己的意愿做事，从而和成人产生的冲突引发婴儿的愤怒情绪。

二、婴儿情绪的意义

生存适应的心理工具。相比于其他刚出生的动物个体，人类刚出生的个体也许是最无能的，因为其他刚出生的动物个体很快就能独自适应生存环境，其生存所需要的基本技能在出生后不久就得以建立，从而帮助动物个体开始独立生存，而人类个体则不具备此特征，人类的婴儿期特别长，其生存所需要的技能需要一点点的成熟和发展，因此人类婴儿必须有成人的抚育，否则很难存活。刚出生的新生儿还不能用语言来表达自己的内部需求，他们实现与成人的相互作用，向成人传递生理需要信号的手段就是情绪，其中最主要的情绪信号就是哭。当他们饥饿时，要通过哭声来发出信号，以告知成人此时他们需要吃东西；当他们尿床后，由于潮湿使自己感觉不舒服时，要通过哭声来召唤他人，以提示成人此时他们需要换一个干爽的被褥；当他们由于疾病而感觉痛苦时，要通过哭声来提醒他人，以促使成人带着他们去就诊，帮助其解除病痛。可见，哭对于婴儿来说是多么重要，此时的哭不仅仅是一种情绪的表达，更多的是一种与人互动的手段，通过哭把婴儿与他人紧紧地联系在一起，婴儿通过哭声向成人传达了某种生理需要，成人通过对婴儿哭声的解读，准确地为婴儿提供了某种帮助，使婴儿相应的生理需要得到满足，正是通过这样一种互动关系，使婴儿得以存活并实现对环境的适应。如果没有哭作为纽带，婴儿的生理需要不能及时被成人所获悉，也就不会对婴儿做出适时的帮助，这样就会严重影响到婴儿的生存。另外一种对婴儿生存具有重要意义的情绪就是害怕，从进化角度分析，害怕具有适应价值，它的原始适应功能在于起到了警戒的作用，这一点在动物身上表现得尤为明显，通过警戒有助于个体随时发现威胁并及时摆脱危险，从而保住生命，这对于处于弱势地位的婴儿来说，尤其具有重要价值。所以，人类婴儿个体最害怕的事情就是妈妈不在身边，因为没有妈妈在身边，婴儿就会感到生命失去了保护。

心理活动和行为的驱动力。人的生存在于生理需要的满足，生理需要本身具有一定的驱动力，正是在这种驱动力的作用之下，个体才会做出行动，指向那些能够满足生理需要的目标，比如在饥渴需要的驱动下，个体就会去寻找食物和水，并在目标出现后做出摄食行为和饮水行为。对于婴儿来说，还不具备独立生存的能力，单凭生理需要的生理驱动作用有时难以实现和满足婴儿的各种生理需要，此时，必须借助于情绪的作用，才能使婴儿的生理需要明显化，从而被成人所获知，并满足其需要。情绪这种作用的发挥，在于情绪本身产生时，就有明显的生理反应伴随，当婴儿某种生理需要产生时，在还没有获得满足之前，婴儿会体验到一种特有的紧张感和不适感，正是在这种紧张感和不适感的作用下，婴儿才会产生一种情绪反应，这种情绪反应会和生理需要的驱力相结合，从而使生理需要得到加强和放大。比如，婴儿饥饿时的哭闹加强和放大了空腹的生理需要；困倦时的哭闹加强和放大了睡眠需要的不适感；病痛时的哭闹加强和放大了身体的难受感；遇到陌生人或身处陌生环境时的哭闹加强和放大了安全需要的恐慌感等。通过情绪这种对生理需要放大信号的作用，使婴儿的生理需要表现得更加明显和急迫，从而给成人提供了明确的信号，这就比单纯的生理驱力本身的作用更有力、更及时和更灵活地激发成人对婴儿做出合适的抚育反应。

认识活动的组织者。人的认识过程和情绪过程是紧密结合在一起的，认识过程是情绪产生的基础，人只有在认识事物的基础上，才能了解客观事物与自身需要之间的关系，从而产生不同的情绪反应，同时，情绪过程也对认识过程具有反作用力，表现为正性情绪对认识过程的促进作用，负性情绪对认识过程的阻碍作用。情绪对认识的这种作用，在婴儿时期就已经有明确的表现，主要体现为情绪对婴儿认知活动的组织作用。婴儿对于环境的反应，刚开始的时候取决于刺激的作用和天生的好奇心，此时的认识还具有被动应付的意味，但随着发展，婴儿开始表现出对环境的主动探索，这种主动探索是在兴趣的推动下才得以产生的。生活中，我们可以观察到婴儿兴趣的产生往往是在某些新异刺激的作用下才有的，新异刺激的作用引发婴儿的好奇或是惊异，进而产生趋近行为和探索行为，比如婴儿第一次发现，当把球扔在地上，球会向前滚动后，就会连续多次重复此动作，此时婴儿的兴趣就在于球在力的作用下向前滚动这一事实，而后他会把各种东西扔向地面，以探究是否所有的东西在力的作用下都会向前滚动，慢慢他会发现，只有圆形的东西才可以滚动，这种认知上的探索行为完全是在兴趣的作用下才得以表现。婴儿这种由兴趣支配的探索活动为婴儿带来了欢乐，欢乐又加强了兴趣，支持着活动的持续进行，而后随着个体的发展，兴趣、愉悦等正性情绪会和多种认知活动相结合，使这些认知活动得以有效组织和运行，从而促进认知活动的发展。

社会生活适应的中介。婴儿除了满足生理需要，适应自然环境外，还要满足社会需要，适应社会环境。婴儿作为一个社会性个体，从一出生就进入人类社会的人际交往之中，此时他们实现与周围人进行人际沟通的工具依旧是情绪。首先，婴儿通过情绪表达，向成人传递了信号，成人就是根据这些信号来对婴儿提供帮助，建立起与婴儿的人际联系。婴儿所发出的情绪信号不单纯具有生理意义，同时具有社会意义，比如婴儿的哭不仅代表需要得到生理满足，而且代表需要得到某种社会满足，当成人不在身边自己感觉无聊时，就会通过哭声召唤成人来到身边进行陪伴，这反映出婴儿希望自己和他人待在一起的社会需求，有研究者就指出，婴儿出于不同需求所发出的哭声是不同的，对于一般人来说很难去区别，但对于一个称职的母亲来说，她们就能很好地区分出婴儿什么样的哭是生理性的，什么样的哭是社会性的。其次，婴儿经常性的情绪表现，会得到不同的反馈，从而影响到人际交往的建立。情绪具有正性情绪和负性情绪之分，正性情绪多为正面的积极情绪，如高兴、愉快、满意等；负性情绪多为负面的消极情绪，如哭闹、回避、拒绝等。婴儿由于个体差异的原因，不同婴儿的情绪表现也不同，有些婴儿总是处于一种正性情绪当中，有些婴儿就总是处于一种负性情绪当中，婴儿不同的情绪表现，就会得到成人不同的反馈，从而影响到与他人的交往关系。生活中我们会发现，几乎每个人都喜欢去逗弄爱笑的婴儿，愿意去抱他们，与他们进行更多的互动，而对于一接触就哭或是没有什么表情变化的婴儿，人们一般很少去抱他们，也不愿意与他们有更多的互动，因为人们会感觉没有意思，因此减少了与他们的交往。从中不难看出，爱笑的婴儿获得了更多的与人交往的机会，这对于其今后良好的社会交往建立具有非常重要的作用。这些事实说明，婴儿的情绪表现就是作为一种适应社会生活的中介而存在的，婴儿与成人之间就是通过这种情绪所表达的信号，建立起社会性的联结。

三、婴儿情绪能力的发展

情绪是个体心理过程的重要组成部分，每一种情绪的建立都是个体对环境适应手段的一种增加，随着更多情绪的建立，个体能够把这些不同情绪加以综合，形成一种能力，通过这种能力维持和改变个体与环境的互动，以使自己更好地适应环境，这种能力被称为情绪能力。婴儿一出生就有情绪反应，随着生理成熟和社会化的深入，婴儿的情绪能力逐渐发展起来，其发展变化的过程和规律主要表现在以下几个方面。

婴儿基本情绪的发展。基本情绪是指那些先天的、在进化中为适应个体的生存演化而来的情绪，每种情绪都具有不同的适应功能，是物种长期进化的结果。婴儿的基本情绪包括很多种，如快乐、痛苦、害怕、兴趣、惊奇、厌恶、愤怒等，其中在生活中表现更为明显，适应意义更大的主要是快乐、痛苦、害怕、愤怒四种。

快乐。快乐情绪的外部表现形式是微笑，所以有时用婴儿的微笑来代表快乐。婴儿微笑出现得比较早，最初的微笑主要通过嘴部来表现，可以在没有外部刺激的情况下发生，是自发的或反射性的笑，当然我们在抚摸婴儿的面颊、身体时，也能引发婴儿的微笑，此时的微笑可以有多种刺激引起，不具有特定性，因此还不是真正的社会性微笑。大约从3-4周起，婴儿的微笑开始由外部刺激引起，尤其是人的声音和面孔更容易引起微笑，此时的微笑不仅是嘴部的变化，眼睛也变得明亮，以后随着发展，婴儿对人脸的微笑次数和持续时间均得到增加，尤其是母亲出现的时候更为明显，这表明婴儿此时的微笑已经具有了社会性内容，但在6个月以前，婴儿对熟悉和陌生的人都报以同样的微笑，只不过对熟悉的人微笑的次数会多一些，因此这种微笑可以称作无选择的社会性微笑。6个月以后，婴儿已经能够对熟悉的和陌生的人脸做出区分，因此对熟悉的人会任意地微笑，对陌生的人不再微笑，而是保持一种警觉，此时的微笑就发展为有选择的社会性微笑。

痛苦。婴儿痛苦情绪的外部表现形式是哭泣，所以有时用婴儿的哭泣来代表痛苦。婴儿的哭泣甚至比微笑出现得还早，婴儿来到世间的第一声问候就是哭，此哭声是为了表达不满，还是对新环境的恐惧，总之，哭成为婴儿与成人进行社会性互动的主要联系方式，其发展变化大致经过三个阶段：第一个阶段为出生的头一个月，此时婴儿的哭主要与生理因素有关，比如饥饿、腹痛、身体不适等，哭就是向外发出信号，需要得到某种生理满足，待生理需要得到满足后，哭就会停止，等到下一个生理周期开始，又会引发哭泣，因此，此时的哭泣完全是一种生理到心理的激活，不具有社会性内容；第二阶段大约从1个月起，此时婴儿的哭泣是一种低频、无节奏的没有眼泪的"假哭"，这种哭泣之所以被称为"假哭"，是因为婴儿此时并没有什么生理需求，不存在生理原因所引发的痛苦，更多地体现为婴儿感到寂寞无聊，想得到他人的注意和照看，因此通过哭泣把成人召唤到身边，只要成人一出现，哭泣立刻停止，从中可以看出，此时的哭泣变为一种心理的激活，开始具有社会性内容；第三阶段从2个月起一直到接近2岁，此时婴儿的哭泣可以由不同的人激活和终止，具有明显的特定指向性，尤其是在母亲身上表现更为明显，母亲离开会引发婴儿哭泣，母亲归来会终止婴儿哭泣，其他人的离开和出现则没有这么明显的效果，这表明此时的哭泣已经是一种社会行为，反映出婴儿的某种社会性需要，因此，这种哭泣可以看作是一种有区别的社会性哭泣。

害怕。害怕作为婴儿的一种基本情绪，其产生带有进化的痕迹，它的适应功能就是可以帮助婴儿发现威胁并及时摆脱危险，从而保住生命。但是，害怕的发展不完全是由进化的机制来控制，其发展是在个体认知的作用下来进行的。从婴儿害怕的刺激源来看，婴儿害怕的刺激源包括人、物和情境。婴儿对人的害怕大约从6个月时开始，此时婴儿开始害怕陌生人，从以前对陌生人的微笑开始变为对陌生人的哭泣，拒绝陌生人的亲近，这种表现被称为婴儿的怯生。研究者通过研究发现，并不是所有的婴儿都具有明显的怯生表现，其中存在着个体差异。一般来讲，婴儿是否表现出怯生行为，同很多因素有关，比如父母是否在场、环境是否熟悉、抚养者的多少、接受刺激的多少、亲子关系质量等。其中尤其是陌生人的什么特点更容易引起婴儿的怯生，是研究者更为感兴趣的问题，通过研究证实，婴儿更害怕陌生的成人，在成人中更害怕陌生的男性成人，在成人的诸多特征中，陌生人的面部特征是主要的线索。这一事实也在一定程度上证明了害怕的适应性功能，婴儿更害怕陌生的成年男性，其进化机制为在动物进化的历程中，雄性动物一直都扮演着威胁同类其他幼小动物的角色，因此成为幼小动物害怕的对象。随着婴儿的年龄发展，婴儿害怕的情绪也出现变化，由对陌生人的害怕转为对具体事物和情境的害怕，比如大老虎、大灰狼、小黑屋等，其中尤其是对想象中的事物开始害怕，比如大妖怪、大魔鬼、危险的情境等。婴儿能够对想象中的事物害怕，说明这种害怕是随着婴儿认识能力的发展而发展起来的，是一种预见性的潜在的害怕。

愤怒。婴儿的愤怒情绪在早期主要体现为华生所说的那样，即限制婴儿身体运动时，婴儿所表现出来的身体僵直、屏息、尖叫之类的反应。婴儿后期主要表现为自己的活动受阻，不能按照自己的意愿做事，从而和成人产生的冲突引发婴儿的愤怒情绪。婴儿愤怒情绪的发展变化并没有明显的阶段性特征，主要取决于是否有刺激源的存在，只要有可以引发婴儿愤怒的刺激作用，就可以引起婴儿的愤怒情绪，但这种情绪来得快去得也快，是一种非常现象性的情绪，但在愤怒情绪的作用下，婴儿可能会产生攻击行为。对于婴儿来说，无论是什么样的愤怒情绪，都不具有明确的社会性内容，因此说，婴儿并不会真正生气，其愤怒只是一种对刺激的即时反应。

婴儿情绪表达的发展。情绪表达就是指各种情绪的表现，即一种情绪从无到有，以及持续的整个过程。通过情绪表达可以使某种情绪得以显现，同时反映出自身的某种需求，他人正是通过对某种情绪的识别和内部推断，来判定情绪表达者的内心体验和内在需求，从而采取相应的行为进行应对，因此能够合适地表达情绪，是一种重要的情绪能力。婴儿在内在需求和外界刺激的共同作用下，会有很多情绪表达，包括上面提到的微笑、哭泣、害怕、愤怒等等。婴儿的情绪表达发展具有以下几个趋势：一是从表达的内容上看，从生理需要向社会性需要发展，婴儿最初的情绪表达都是与生理需要有关，比如哭泣是因为饿了、身体不适等原因所引发，微笑是因为吃饱了、身体感觉舒适等原因所引发，此时的情绪表达就是一种为了寻求生理满足的手段，在生理需要未获得满足之前，这种情绪表达会反复地出现，直到获得满足为止。随着婴儿的发展，婴儿的情绪表达开始逐渐注入社会性需要的内容，此时会对熟悉的人有更多的微笑，通过"假哭"来吸引别人的注意和照看，这些情绪表达已经不再具有生理需要的倾向，主要表现为一种社会需要的倾向，以此来实现与人的互动，使社会性需要得到满足。二是从表达的方式上看，从被动的外显形式向主动的内隐形式发展，婴儿刚开始的任何情绪表达都是在内部需求的推动下或是在外部刺激的作用下而产生，此过程完全是被动的，婴儿不能自主控制，只要有某种条件出现，就必定会产生某种情绪表达。所以，生活中我们发现，婴儿不是哭就是笑，但不管是哪种情绪表达，对于婴儿来说都是一种被动的反应。婴儿后期才有可能发展起对自己的情绪表达进行主动操作的能力，比如见到陌生人不再微笑，但也不是立刻就哭，此时对于微笑和哭都能进行一定的控制，但其主动性依然很差。明白这些道理后，我们就会理解为什么婴儿不能在成人的要求下来表达情绪，因为他们是真的做不到。

婴儿情绪理解的发展。婴儿通过情绪实现与他人的互动，除了依赖于情绪表达之外，还依赖于婴儿对自身和他人情绪的理解。情绪理解是指儿童理解情绪的原因和结果的能力，以及应用理解信息产生适当情绪反应的能力。婴儿阶段情绪理解能力的发展主要表现在表情识别和初步的情绪归因能力上。人的情绪是通过表情外化出来的，人类婴儿很早就能够对他人的面部表情进行识别和模仿。费尔德（Freehold）等人通过研究表明，一个刚出生 3 天的新生儿就已经可以模仿成年人所做的高兴、伤心和惊奇的表情。但是此时新生儿所做的模仿可能仅仅是基于表情面部特征的一种辨别，还不能理解不同表情所代表的情绪意义。克林勒特（Colin Loet）等人通过研究指出，婴儿运用面部表情和分辨他人情绪表情的能力是逐步发展起来的，共有四个发展水平：第一个水平为出生头两个月之内，此时婴儿对他人的面孔比较敏感，更愿意去注视，但此时婴儿只能扫视面孔的边缘，不能对面部表情进行整合，因此，这一时期婴儿自发的表情同成人对他发出的表情之间还没有联系，也就是说婴儿此时还不能接受或理解情绪信息；第二个水平为 2 - 5 个月，此时婴儿已经能够知觉成人面部表情，并对其做出一定的情绪反应，但这时婴儿仍旧不理解成人面部表情的意义，所做出的情绪反应也不具有意义上的相应性；第三个水平为 5 - 7 个月，此时婴儿可以更精细地知觉和注意成人面部表情的细节变化，并能对表情的变化进行意义上的认知，从而对不同人脸上相同的表情变化和不同情境中的相同的表情变化会有一致性的理解，表现比较明显的是此时婴儿可以对正、负情绪可发生不同的反应，体现出对表情意义的情绪反应；第四个水平为 7 - 10 个月，此时婴儿已经学会鉴别他人的表情，并影响自身的行为，比如婴儿会对母亲的微笑报以欢快和微笑、对母亲的悲伤会报以呆视或哭泣，这说明婴儿已经能够比较好地理解一些表情的情绪意义，并能够利用表情作为一种信号来完成某种信息沟通，比如生活中我们会发现，当婴儿身处陌生的环境而不知所措时，婴儿通常会把目光指向母亲，并通过观察母亲脸上的表情来决定自己下一步的反应。大约到 3 岁时，婴儿开始能够初步对情绪产生的原因进行解释和评价，能识别情绪和引发情绪的情境，并能将情绪与情绪引发情境联系起来进行理解。

婴儿情绪调节的发展。人的情绪复杂多样，每一种情绪的产生和持续都会给个体带来一定的影响，这种影响既有好的也有坏的，但是不管好坏，我们都应该把这种影响控制在一个合适的范围内，否则即便是好的影响也会朝坏的方向去转化，所以学会调节自己的情绪是非常重要的一种能力，这种能力是伴随着个体情绪的丰富和发展，在认知的作用下逐步建立起来的。对于婴儿来说，由于神经系统尚未发育成熟，其兴奋过程明显强于抑制过程，因此婴儿的情绪更易发生，但不容易停止，加之婴儿还不具有很好的认知调控能力，所以很难做到很好地来调节自己的情绪，使情绪表达得适时、适地、适度。但不是说婴儿一点也不能调节自己的情绪，其实他们在很早就发展起了一定的情绪调节手段，比如当他们由于饥饿而产生紧张感和不适感时，会通过吮吸手指来获得安慰，以此帮助自己缓解压力，等待食物的到来，后来通过吮吸奶嘴来帮助自己缓解心理不适，寻求某种舒适感。当婴儿对某种事物或情境害怕时，他们会采用控制视觉注意的方法来调节情绪，即不再去看引起害怕的刺激。当他们能够爬行和行走时，通过躲避某种刺激的行为使自己远离刺激物，以缓解某种消极情绪的影响，或通过接近母亲等人的行为，来寻求某种安慰和保护，以抵消不良情绪的作用。2-3岁的婴儿，伴随语言和认知能力的发展，自我意识开始萌芽，此时他们用来调节情绪的手段和方法也增多，可以开始依靠自己内部的情绪资源调节自己的情绪。王莉和陈会昌考察了中国文化背景下2岁婴儿在实验室压力情境下的情绪调节策略，研究表明，2岁婴儿可以使用包括积极活动策略、自我安慰策略、寻求他人策略、被动行为策略、回避策略等多种复杂的情绪调节策略。情绪调节策略的增多，表明婴儿的情绪调节能力得到了较大的发展。

四、婴儿情绪能力的建构

婴儿阶段的情绪表现主要以基本情绪为主，一些复杂的复合情绪在婴儿身上很少有表现，同时这些基本情绪也更多与生理需要联系在一起，社会性需要的内容开始逐步增多。因此，建构婴儿的情绪能力，主要就是创造条件让婴儿更多地表现出正性情绪，减少或避免产生负性情绪，同时让婴儿学会识别和表达情绪。

提高养育质量，关注婴儿需求。婴儿阶段的饮食起居都是在成人的帮助和照顾下来完成的，没有成人的帮助和照顾，婴儿很难独立地生存下去，因此，成人的养育质量直接影响到婴儿各种需求能否及时得到满足的问题，而需求的满足状况又直接导致婴儿情绪状态的不同，所以说，婴儿经常处于什么样的情绪状态，在一定程度上反映了他们所接受养育质量的好与坏。一般来说，抚养质量主要通过母亲的敏感性和反应性体现出来，包括对婴儿饮食、睡眠、身体健康等基本生理需要和对婴儿寻求注意、感情、爱抚等心理需要的敏感性和反应性。抚养质量高的母亲对婴儿的生理和心理需要都能及时察觉并给予相应满足，这样就会使婴儿及时解除不良情绪的困扰，使他们能在满足中经常处于正性情绪当中，这种正性情绪就会帮助婴儿建立起对周围世界的安全感，对周围人的信赖感，这都有利于婴儿的情绪朝积极的方向去发展。反之，抚养质量不高的母亲对婴儿的生理和心理需要都不能及时察觉并给予相应满足，这样就会使婴儿不能及时解除不良情绪的困扰，使他们在等待和痛苦中经常处于负性情绪当中，这种负性情绪就会促使婴儿建立起对周围世界的恐惧感，对周围人的怀疑感，这就会使婴儿的情绪朝消极的方向去发展。因此，提高养育质量，对于婴儿健康积极的情绪发展非常重要。

尊重独立自主，释放婴儿活力。随着婴儿语言能力和身体动作能力的发展，婴儿开始有了独立自主的要求，那就是在他们力所能及的范围内，想要自己去独立完成以前在成人帮助下完成的事情，比如走路、吃饭、穿衣、游戏等。对于婴儿这种自主性的要求，我们要给以尊重和保护，千万不要去生硬地干涉甚至是剥夺，这样不但会使婴儿不高兴，而且长此以往会使婴儿的自主性受阻，从而建立起害羞、迟疑等不良人格品质。婴儿的天性就是爱动，因此当他们想要独立自主活动的要求得到满足，婴儿就会感觉非常高兴，并能通过自己的活动所取得的成功体验到快乐，在此基础上发展起对某些活动的兴趣，并在以后的活动中获得源源不断的快乐体验。相反，如果成人总是出于某种理由对婴儿的各种活动加以限制，或是包办代替，使婴儿想独立做事的愿望得不到实现，婴儿就会以反抗、拒绝来表示他们的怨恨和愤怒，婴儿总是被这样一种消极情绪困扰，对于其人格发展会造成很大的负面影响。因此，要想帮助婴儿建构起积极的情绪，就要在尊重婴儿独立自主性的基础上，放心大胆地让婴儿去自主活动，这样他们才能在活动中释放出活力，体验到快乐，使自己生活在积极的情绪体验当中，从而建构起一个积极的情绪系统。

建立多种交往，引导积极情绪。婴儿作为一个社会性动物，出生后必须与人接触，实现与人的互动，才能使自己更好地融入人类的交往系统，完成社会化过程。婴儿一出生就渴望与人的互动，他们对人类的声音、表情、行为都具有天生的敏感性，并会给予这些刺激以优先的注意。当婴儿身边长时间没有人陪伴时，婴儿会通过哭声来召唤，这表明婴儿希望与人待在一起；婴儿对他人的微笑，也是想吸引他人的注意，不让人离开自己。可见，婴儿非常渴望与人建立交往关系，有了这种交往，婴儿就会产生积极的情绪反应。婴儿由于缺乏独立生存的能力，对他人具有一定的依赖性，因此婴儿非常害怕孤独，由孤独就会导致痛苦、难过和恐惧等不良情绪，长期如此，就会使婴儿形成消极的情绪体验系统，进而建立起不良的人格特征。现实生活中，由于父母工作比较忙，所以可能很长时间不能陪在婴儿身边，但是一定要在晚上给以更多的陪伴，否则婴儿长时间见不到父母，就会产生父母不爱自己的感受，担心自己会被抛弃，这都会导致婴儿孤独感的产生。另外，不要经常把婴儿一个人放在某处或锁在房间里而大人离去，这是婴儿非常恐惧的事情，这给婴儿带来的感情上和个性上的伤害将是无法弥补的。除了多陪伴婴儿之外，还要多创造婴儿与他人交往的机会，无论是与成人还是与其他婴儿的交往，都会给婴儿带来新奇的感受，使他们在互动中能产生愉悦的情绪，而且能够实现相互感染，这对于婴儿移情能力的建立和发展具有重要的作用。

营造良好环境，做好情绪典范。婴儿的主要生活环境就是家庭，因此家庭的环境氛围对婴儿的各方面影响非常大，其中家庭是否和睦、父母婚姻关系是否和谐、父母的抚养质量、父母经常的情绪表现等，都会给婴儿营造一种不同的情绪氛围，从而给婴儿带来不同的情绪感受。婴儿很早就具有了察言观色的能力，他们能够对成人的不同表情进行准确区分，尤其是对正性情绪和负性情绪更为敏感，成人在婴儿面前的经常情绪表现会给婴儿带来不同的影响，一方面他们会通过移情能力，也产生同父母一样的情绪体验，另一方面，对于稍大的婴儿可能会通过情绪归因，把父母消极负面的情绪表现归因于自己，从而使自己产生害羞、害怕、内疚等不良情绪反应，这对于其情绪发展非常不利。因此，为了使婴儿能够建立健康积极的情绪系统，使他们获得快乐的情绪体验，营造良好的家庭氛围是非常重要的。一方面不要在婴儿面前表现消极负面的情绪，而是以积极正面的情绪面对他们，即使是自己当时正处于某种负面情绪当中，但在婴儿面前也要加以控制和掩饰，始终以积极愉快的表情面对婴儿，这样会给婴儿带来快乐的体验，不至于让自己消极负面的情绪感染到婴儿。另一方面不要在婴儿面前激烈地争吵或是打架，因为这样做呈现给婴儿的都是消极负面的情绪，这会给婴儿带来恐惧，使他们无所适从，这种担惊受怕的情绪体验会伴随其一生，对情绪和人格发展都会带来不利影响。另外，婴儿会通过模仿来学习这些情绪行为，并在游戏和与他人交往中得以再现，使婴儿从小就建立起某种暴力攻击性人格的基础。

　　坚持正面引导，调控婴儿情绪。人的情绪多种多样，每个人在生活中都会经历各种各样的消极负面情绪，婴儿的情绪虽然没有那么复杂，但在生活中也不免会被消极负面情绪困扰，对于有些婴儿来说可能表现得更多一些，每当婴儿表现出消极负面的情绪，都会给成人带来一定的麻烦和困扰，因为很多时候，成人不知道该如何应对婴儿的这些消极负面情绪。面对这种情况，有些家长采取听之任之的态度，干脆放手不管，把婴儿丢在一边任由其表现，直到自己结束为止；有些家长则采取暴力制止的手段，对婴儿进行训斥甚至拍打，以恐吓的方式结束婴儿的消极负面情绪。以上这些做法都是不正确的，这样做不但不能立刻消除婴儿的消极负面情绪，而且长此以往会使婴儿形成更为不利的消极负面情绪。面对婴儿的消极负面情绪，首先我们应该认识到这是婴儿的正常情绪表现，然后查明原因，只要原因找对了，采取应对措施立刻就能消除他们的消极负面情绪，不要婴儿一有这种情绪表现，就不问原因地自己先情绪失控，进而对婴儿产生抱怨和愤怒，从而采取不利手段来消除婴儿的情绪，实际上，很多时候，婴儿消极负面情绪的产生和消除，错不在婴儿而在成人。其次要学会正面引导婴儿的情绪，使婴儿建立起调控自己情绪的能力。对于稍小的婴儿，当他们出现消极负面情绪时，主要采取转移注意力的办法来帮助他们消除负面情绪，同时多给以安慰和陪伴。对于稍大的婴儿，尤其是语言发展起来后的婴儿，当他们出现消极负面情绪时，就要通过语言引导来让婴儿表达自己的感受，说明原因，通过这种语言的沟通来消除负面情绪，这样不但会使婴儿知道如何表达自己的情绪感受，而且成人会慢慢地帮助婴儿建立起一些规则，通过规则的掌握使婴儿建立起调控情绪的有效手段。

第 9 章

婴儿的依恋

一、婴儿依恋的内涵

依恋的概念。生活中我们可以发现，几乎每个健全的婴儿在母亲离开时都会激烈地反抗，哭闹不止，在母亲归来后，又变得欢欣鼓舞，紧紧地依偎在母亲的怀里，这种行为表现就是发展心理学中一种非常重要的心理现象，即婴儿的依恋问题。依恋的一般意义是指个体对另一特定个体的长久持续的情感联结。这一界定中，有这样几个关键点：一是特定个体的含义，这个特定个体不是单纯指母亲，可以是母亲、父亲、爷爷、奶奶、姥爷、姥姥、保姆等，只要其中某一位在婴儿出生之后一直对其进行养育照顾，其就会成为婴儿依恋的对象，婴儿就会依恋于其。传统观点认为，婴儿只会依恋母亲，因为是母亲生育了他，实际上不然，婴儿依恋的对象是很广泛的，并不必然指向某个特定个体；二是长久持续的含义，长久持续指的是婴儿与依恋对象的作用时间问题，从中可以看出，婴儿与某个个体建立依恋关系并不是很容易就实现的，二者必须有很长时间的接触互动，而且这种关系是持续不断的，这样才能为依恋关系的建立奠定基础，那种偶尔的、断续的接触互动，是不能使依恋关系得以建立的；三是情感联结的含义，把依恋归结为是一种情感联结，就说明依恋关系是一种社会性关系，是通过后天的学习建立起来的，这同很多人的传统理解有一定的差距，之所以有很多人认为婴儿只会依恋母亲，就是因为母亲与婴儿之间有血缘关系，而且婴儿是吃母亲的奶长大的，这种生理上的联系是依恋的基础，所以依恋必定是一种生理上的联结，现在看来，那种把依恋理解为生理上的联结是错误的，对于依恋关系的建立，谁生的不重要，重要的是谁抚养。发展心理学上的依恋，指的是婴儿寻求并企图保持与另一个人亲密的躯体联系的一种倾向。这种界定同一般意义的界定基本一致，其主要特点表现为三个方面：一是婴儿喜欢与依恋对象有身体上的亲近，比如总是喜欢让依恋对象抱着自己，即使玩耍的时候也是喜欢在依恋对象的怀里或是坐在其腿上进行；二是婴儿可以从依恋对象那里获得慰藉、安全感和丰富的刺激，每当婴儿感觉困倦、难受、委屈时，总是希望待在依恋对象的身上，通过依恋对象对其进行的抚摸、亲吻、轻拍等动作使之得到抚慰，换作他人则不具有此种效果。遇到陌生人或是在陌生的环境，婴儿更是不敢离开依恋对象，总是依偎在依恋对象身上或身边，受到惊吓时也是立刻扑向依恋对象寻求保护；三是依恋关系遭到破坏后会造成婴儿情感上的痛苦，婴儿的依恋关系一旦确定，其依恋对象就成为其生活中不可或缺的角色，表现为一刻也不能脱离自己的视野，只要看不见依恋对象，婴儿就会表现出不安、烦躁、难受和哭闹，如果是与依恋对象的长时间分开，这种情感上的痛苦会更加严重，而且不容易被消除，时间久了就有可能诱发婴儿的身心方面的疾病。

婴儿依恋的测定。作为婴儿与抚育者的一种重要社会关系，几乎每个婴儿都会与抚育者建立起依恋关系，这种依恋关系从总体来看都差不多，但实际上具体到每个婴儿身上却具有比较大的个体差异，这种差异被看作是依恋质量上的差异，对这种差异进行测量的最著名、应用最广泛的方法就是安斯沃斯（Ainsworth）等人发明的陌生情境测验法。这种方法的假设就是将婴儿放置在由亲子分离和陌生人出现所导致的压力情境中，观察婴儿的表现，突出婴儿寻求安全的努力，此时婴儿依恋的性质就会完全表现出来进而被很好地观察。该方法包括 3 个主体（婴儿、母亲、陌生人）；2 种人际关系（婴儿与母亲、婴儿与陌生人）；4 种情境（亲子分离、团聚、陌生人在场、陌生人离场）。实验进行时是按照 8 个情节来安排的：情节 1，实验者、母亲和婴儿进入房间，然后实验者离开；情节 2，母亲在旁边看婴儿游戏，此时观察婴儿是否将母亲当作安全基地；情节 3，陌生人进入房间，并坐下来和母亲说话，此时观察婴儿对陌生人的反应；情节 4，母亲离开房间，陌生人对婴儿进行抚慰，此时观察婴儿是否有分离焦虑；情节 5，母亲返回，并提供必要的抚慰，陌生人离开房间，此时观察婴儿对母子重聚的反应；情节 6，母亲再次离开，此时观察婴儿是否有分离焦虑；情节 7，陌生人回来，并提供抚慰，此时观察婴儿被陌生人抚慰的可能性；情节 8，母亲再次返回，并提供必要的抚慰，陌生人离开，此时观察婴儿对重聚的反应。实验之所以分为 8 个情节来进行，是因为随着每个情节的进行，所造成情境的压力是逐次升级的，实验就是想要观察婴儿在压力逐渐增强的情况下，母亲在场与否时的表现，和对待分离之后团聚的方式，从中就可以推断出婴儿依恋的性质，进而来划分依恋的类型。由于该方法在实际运用中，简单易行，又效果明显，所以一直以来都被研究者所推崇和不断地被反复应用和验证。

婴儿依恋的类型。根据安斯沃斯陌生情境测验中对婴儿在陌生情境中的反应，研究者将婴儿的依恋分为安全型依恋和不安全型依恋，其中不安全型依恋又分为三种，包括不安全－回避型依恋、不安全－抗拒型依恋、不安全－混乱型依恋。安全型依恋的婴儿会把抚育者作为探索环境的安全基地，在陌生情境中，抚育者在场时，婴儿会主动去探索环境，操作玩具进行游戏活动，并随时与抚育者有眼神与行为上的互动。当抚育者离开时，婴儿可能会有轻微的抗议，但很快就会过去，没有明显的不安与焦虑，而是继续玩玩具，等到抚育者回来后，婴儿会立刻给予抚育者微笑，并爬向抚育者，并与抚育者积极互动。整个过程中，都体现出婴儿具有很好的心理安全性，并能与抚育者有良好的互动，并不会因为抚育者在场和不在场有很大的变化，即便是陌生人的出现也不会受到太大影响。不安全－回避型依恋的婴儿通常是以回避抚育者的方式表现出不安，在陌生情境中，婴儿对环境的探索比较差，即便是摆弄玩具时也不与抚育者有更多的互动，抚育者离开时几乎没有不安的反应，抚育者回来后，婴儿并个会立刻恢复和抚育者的接触，似乎抚育者没有回来一样，即便是抚育者主动接触婴儿，婴儿一般也不看抚育者，而是把目光指向别处。整个过程中，都体现出婴儿的心理安全性不是很好，缺乏与抚育者的良好互动。不安全－抗拒型依恋的婴儿一方面对抚育者有很强的依附性，另一方面又会拒绝抚育者的接近，表现出矛盾性的特点。在陌生情境中，抚育者在场时，婴儿总是紧紧地抓住抚育者不放，不敢去探索周围的环境，当抚育者要离开时，婴儿拼命地反抗，不让抚育者离开，并放声大哭，直到抚育者回来后也难以停止，此时婴儿对于抚育者的抚慰并不接受，而是采取踢打或推开的方式拒绝抚育者的接近。整个过程中，都体现出婴儿的心理安全性不好，缺乏与抚育者的良好互动，没有形成良好的依恋关系。不安全－混乱型依恋婴儿的反应是混乱而不定向的，在陌生情境中，抚育者在场时也表现出明显的困惑、不安和恐惧，不敢主动去探索环境，即便是在抚育者身边也感觉很害怕，抚育者离开时会很抗拒，不愿抚育者离开，当抚育者回来后对其进行抚慰时又很回避，不愿让抚育者抚慰自己。整个过程中，同样体现出婴儿的心理安全性不好，缺乏与抚育者的良好互动，没有形成明确的依恋关系。以上几种依恋类型，在实际生活中都有所存在，只不过安全型依恋的婴儿占有更大的比例，其他几种类型的婴儿比例相对较少。

二、婴儿依恋的意义

人际关系形成的基础。依恋作为婴儿与抚育者之间的情感联结，可以说是婴儿最早建立起来的一种人际关系，通过这种关系实现了婴儿与抚育者之间的情感沟通，正是这种情感上的沟通，使婴儿从心理上获得了安全感，使抚育者获得了幸福感，从而使婴儿与抚育者之间的社会性联结变得更加紧密。婴儿通过与抚育者依恋关系的建立，使他们很早就学会如何与他人进行互动，如何通过自己的行为去影响他人，在自己感到不安和害怕时如何去寻求他人的帮助。这些技能在婴儿与他人的不断互动中得以形成和不断巩固，慢慢就为以后人际关系的建立奠定了良好的基础。发展心理学家鲍尔贝（Bowlly）认为，婴儿与抚育者的依恋关系会促使婴儿对自我、世界以及自我与外界之间的关联产生某种期待和信念，进而形成某种心理表征，这种内部心理表征被称为内部工作模型。内部工作模型指的是婴儿对接近与获得依恋对象的一系列期望，婴儿感受到的在面临困难时依恋对象为他提供支持的可能性，以及婴儿与依恋对象之间的互动等。婴儿的依恋之所以能够成为其以后人际关系的基础，就是因为婴儿在依恋关系中建立了某种内部工作模型，这种内部工作模型不但在婴儿依恋关系中发挥作用，同时也会在其以后的人际关系中发挥作用，他们就是利用这种模型作为与他人交往的工具，并通过模型功能的发挥所取得的效果来检验模型的正确性，以及决定人际交往的继续还是终止。安全型依恋的婴儿会把抚育者作为安全的基地，其内部工作模型是对抚育者抱有充分的信心和期待，他们知道只要自己有需要，可以随时得到抚育者的帮助和支持，因此，在他们日后的人际交往中，只要他认为对方可以依赖和信任，就可以很放心地和对方交往，心理感觉非常安全，和对方有良好的互动，在需要对方给予帮助和支持时，会毫不犹豫地向对方提出来，因为他们认为对方可以为其提供帮助和支持，如果这些都得以实现，就会进一步证实自己的内部工作模型的正确，而且还会在以后继续使用，从而建立更多的人际关系。相反，不安全型依恋婴儿的内部工作模型正好是相反的，他们在以后的人际交往中也会使用这种模型，如果没有得到相反的结果，就会使他们同样相信自己的内部模型是正确的，从而导致其以后人际交往的不良，不能建立起良好的人际关系。可见，形成安全型的婴儿依恋关系，对于婴儿日后的良好人际关系建立是多么的重要。

心理健康发展的保证。一个人的心理健康状况是通过多种维度体现出来的，其中包括正确的认知、积极的情绪、良好的行为、健全的人格等，这些维度都有一个发展变化的进程，其发展得好与不好，很大程度上受个体的早期经验影响，婴儿的依恋关系就是其中一个非常重要的因素。因为，不同类型的依恋关系，会使婴儿形成不同的认知倾向、不同的情绪体验模式、不同的行为反应方式、不同的人格构成，当这些维度在不同人身上形成某种固定的心理结构，就会使人表现出不同的心理健康状况。对于安全型依恋的婴儿来说，由于其和抚育者有良好的互动，在他的认知中抚育者就是一个安全的基地，只要有抚育者在，自己就是安全的，而且他也知道只要自己有需求，抚育者都会及时地给予满足，使自己得到帮助和支持，因此其在情绪上总是快乐和满意的，没有什么不安和痛苦，在行为上可以自由自在地探索和玩耍，没有任何拘束，这样建立起来的就是一种自信、乐观、向上的良好人格，而这些都为其心理健康发展奠定了良好基础。对于不安全型依恋的婴儿来说，由于其和抚育者缺少良好的互动，在他的认知中抚育者并非是一个安全的基地，抚育者在与不在，自己都会感觉不安，因为在依恋形成过程中，抚育者对自己的态度冷漠，总是忽略自己的存在，而且在自己有某种需求时，不能从抚育者处得到及时的满足，甚至根本就没有满足，使自己总是处于孤立无援的状态，得不到帮助和支持，因此其在情绪上总是难受和失落的，内心充满了不安、痛苦、怨恨和恐惧，在行为上小心翼翼，显得过于拘谨和保守，这样建立起来的就是一种自卑、怀疑、封闭的不良人格，而这些都为其心理向不健康方向发展埋下了祸根。很多纵向研究都发现，不安全型依恋幼儿出现情绪和行为问题的比率远远超过安全型依恋的幼儿，原因就是不安全型依恋模式形成了某种不安全的情感和社会认知策略，进而形成不成熟的防御机制，导致一些精神活动异常，这种不良影响可能会延伸到成年时期的心理健康状况。

抚养关系传递的桥梁。婴儿在依恋关系中所形成的内部工作模型，不但会在婴儿与他人的人际交往中发挥作用，而且一直能持续到婴儿也成为他人父母时，表现为婴儿会用同样的内部工作模型与自己的孩子进行互动，建立起与自己相似的依恋类型。这表明依恋具有传递性，婴儿与父母形成的依恋类型不同，婴儿长大后为人父母时，也更容易与自己的孩子形成相似的依恋类型。依恋的这种传递性，可能存在两种原因：一是婴儿对自己以往依恋模式的认同，对于婴儿来说，自己形成什么样的依恋类型，自己说得不算，更多取决于抚育者的养育质量，婴儿是在被动的适应过程中建立依恋关系的，因此，依恋关系一旦建立之后，婴儿就会对这种依恋类型加以认同，并愿意相信这就是最好的依恋类型，所以才会在以后加以使用；二是婴儿对自己以往依恋模式的照搬，对于初为人父母的人来说，他们一开始也会受困于如何养育自己的孩子，不知道该如何和孩子互动，此时，他们就会想起父母是如何与自己互动的，于是就简单地把自己与父母的依恋模式套用在自己的孩子身上，有时他们也可能感觉这种简单照搬的不妥，但又苦于找不到更好的方式，也只能委曲求全了，更何况他们会想，自己的依恋模式可能不好，但自己不也长这么大了，不也活得挺好吗，所以就放心大胆地用吧，先不管它好与不好。对于依恋模式的传递使用，不管是出于何种原因，但一个不容置疑的事实是，它会影响到新的依恋类型的建立，如果是安全型依恋的传递，是我们所认可的，如果是不安全型依恋的传递，则是我们所不想要的，因此，最好还是帮助婴儿建立安全型依恋，然后才能保证依恋模式的良好传递。

三、婴儿依恋的发展

婴儿依恋的产生。 关于婴儿依恋的产生问题，研究者也是持不同的意见。精神分析理论的创始人弗洛伊德认为，婴儿获得快乐的源泉是嘴，婴儿通过嘴的吮吸、品尝和吞咽来获得快感，因此，此时谁能满足这一需求，婴儿就会依恋谁，能完成此任务的最佳人选莫过于母亲，因此婴儿依恋母亲是理所当然的事情。另一位精神分析理论的代表人物埃里克森（Evikson）认为，母亲对婴儿持续不断需要的敏感性会使婴儿建立起对他人的信任感，这种信任感的建立是依恋形成的基础。习性学家则认为，婴儿先天就具有一种遗传行为，这种行为帮助婴儿留在父母身边，从而降低危险，获得生存所必需的一切，这完全是来自种系生存和延续行为的进化。认知发展理论认为，婴儿是否能够建立依恋关系，取决于其认知发展的水平，其标志性事件就是婴儿客体永久性的建立，因为只有客体永久性建立之后，婴儿才能知道究竟是谁总会在自己身边抚育自己，只有经常在的他人才能成为婴儿依恋的对象。对于这些解释，很难说到底哪一种是正确的，可能都有其合理性的一面，每一种解释都是从自己的理论出发来做出的分析，对于我们理解婴儿依恋的建立都具有启发作用。

对于婴儿依恋的产生问题，还存在另外一种思路，这种思路不同于理论家们的理论推演，而是通过实验的方式来加以考察验证。其中最具有代表性的就是哈洛（Harry F. Harlow）的恒河猴研究。哈洛制作了两只代理母猴，一只是用木头做身子，用海绵和毛织物进行包裹，在其胸前安装一个奶瓶，身体内还安装一个能产生热量的灯泡，看起来是一只

"绒布母猴"；另一只是由铁丝网制成，外形与"绒布母猴"基本相同，胸前也安装有奶瓶，且也能提供热量，看起来是一只"金属母猴"。研究者把两只人造母猴分别放在单独的房间里，每个房间都与幼猴的笼子相通。实验时，8只幼猴被随机分成两组，一组由"绒布母猴"喂养，一组由"金属母猴"喂养。哈洛的目的是将喂养的作用与接触安慰的作用分离开来。实验开始后，幼猴被放在笼子里，并记录下在出生后的前5个月中，幼猴与两位"代理母亲"直接接触的时间。在实验之初，所有的幼猴与两只代理母亲都接触，只不过一半幼猴由"绒布母猴"喂奶，一半幼猴由"金属母猴"喂奶。随着实验的进行，幼猴的行为出现了变化，即所有的幼猴都开始偏爱"绒布母猴"，即便是由"金属母猴"喂奶的幼猴也只是在吃奶的时候接触"金属母猴"，其余时间都与"绒布母猴"待在一起。当幼猴受到某种惊吓时，都会跑到"绒布母猴"的身边，并紧紧抱住"绒布母猴"，似乎"绒布母猴"能给它们更多的安全感。这一实验结果表明，母猴是否满足幼猴的饥饿、干渴等生理需求并不是幼猴依恋母猴的主要因素，而"接触安慰"在幼猴对母猴产生依恋的过程中起重要的作用。这一结果非常具有说服力，对于精神分析理论所看重的喂养行为和习性学理论所看重的生育行为对依恋产生的影响作用都在一定程度上进行了否定。从中可以看出，婴儿依恋的产生不是源于生理的要求，而是源于心理与社会的要求。

婴儿依恋的发展。婴儿依恋关系的建立不是一蹴而就的，而是有一个逐步发展的过程，对此问题研究比较多的是鲍尔贝，他把婴儿依恋的发展分为四个阶段：第一阶段为前依恋期，时间为出生后的前6周。此阶段之所以被称为前依恋期，是因为此时婴儿与抚育者之间还没有依恋关系出现，因为婴儿此时完全是靠先天的无条件反射活动实现与环境的适应，不能将自己与外界进行有效区分，这时对于是谁在抚育自己是完全不知道的，因此婴儿会对给予自己抚育的所有人以同等对待，不可能把依恋指向某个特定个体来建立依恋关系。但是，此时婴儿却拥有依恋关系建立所需要的必要手段，那就是利用情绪信号来唤起抚育者的注意和感情，进而使自己获得照料，在这种照料中，婴儿会接受抚育者的抚慰并安静下来，有时还会通过微笑给予抚育者回馈，正是通过这样一些方式使抚育者能够留在自己身边，并使抚育者也得到某种情感上的满足，而不愿离开婴儿，这样依恋所需要的情感关系就开始建立起来。第二阶段为依恋关系建立期，时间为6周-6个月。随着婴儿认知能力的发展，婴儿已经能够逐渐分清外物，尤其是对抚育者的面孔能够进行准确区分，这样婴儿就会对总是给予自己抚育的他人以更多的微笑，以表明自己喜欢这一面孔，同时抚育者每次出现都能帮助婴儿消除或降低紧张和焦虑，使生理需要得到满足，通过反复的条件作用，使婴儿能够在抚育者和生理满足之间建立固定的联系，因此婴儿在抚育者面前会有更多的积极情绪表现，显得更加活跃兴奋，而这种表现也同样会感染到抚育者，给抚育者带来更大的报偿和满足感，这样婴儿与抚育者的依恋关系就开始建立起来，虽然这时的依恋已经开始指向某人，但由于婴儿的认知能力不足，婴儿在依恋关系建立初期对于抚育者的离开并不会有太多的反抗。第三阶段为依恋关系明确期，时间为7-24个月。此时婴儿的认知进一步发展，婴儿已经非常明确地知道谁是自己的主要抚育者，依恋对象开始明确化，婴儿只有与抚育者待在一起才会感觉安全，因此，只要抚育者离开，婴儿就会激烈地反抗，不让抚育者离开，表现出明显的分离焦虑和怯生行为。分离焦虑的出现，表明婴儿已经能够理解到抚育者的离开是暂时的，虽然看不见他们，但是知道他们还是存在的，所以想通过反抗和哭闹行为让抚育者尽快回到自己身边来，当抚育者回到身边时，焦虑就会解除，重新开始其他活动，这种对抚育者持续稳定的情感表明依恋对象的固定化。第四阶段为依恋的交互关系形成期，时间为 24 个月以后。此时婴儿的语言和认知都得到了更大的发展，婴儿已经能够在头脑中对抚育者的行为给以表征，并能够理解抚育者的离开是有原因的，他们已经知道抚育者不能总陪在自己身边，同时自己也不总需要抚育者待在身边，允许抚育者的离开，抚育者的离开不代表不爱自己，因此心理不会感觉不安全，分离焦虑逐渐降低，此时的依恋关系发展为不受时空限制的情感联结。

四、婴儿依恋的建构

依恋关系的建立在个体的心理发展中具有重要的地位，婴儿能否建立起依恋关系，建立什么样的依恋关系，对婴儿的整个生命发展都具有重要的影响，因此帮助婴儿建立良好的依恋关系是每个家长都应该关心和注意的问题。

坚持父母亲自抚养。依恋概念的界定已经说明依恋是一种情感联结，不是生理联结，这种情感联结的形成主要在于婴儿与抚育者的社会互动，因此抚育对于婴儿依恋的建立是不能替代的。可以说，没有抚育就没有依恋，因此要想和婴儿建立起良好的依恋关系，就要给予其抚育，这是用其他任何方式都不能代替的。对于年轻的父母来说，孩子出生后一定要坚持自己抚育，而不要出于任何理由而将孩子交由他人代为抚育，虽然这样可以使自己暂时得到轻松，但这么做的后果却是非常严重的。虽然婴儿可以和任何人建立起依恋关系，但对于婴儿的成长来说，父母是其最重要的他人，是父母对其承担养育、教育、培养的任务，这些任务完成的前提是婴儿能够与父母建立良好的依恋关系，否则婴儿长大后不会接受父母的关爱，听从父母的要求，更多的是反抗父母，怨恨父母，导致亲子关系破裂，其根源在于婴儿未能与父母建立良好的依恋关系。如果真是出于工作原因，待孩子出生后父母不能亲自抚养，可以暂时由他人代为抚育，但一定不能时间过长，一定要在婴儿依恋关系明确期前接回来自己抚育，不能图省事直到孩子该上幼儿园了或是上学了才接回自己身边抚养，这样做就会错过与婴儿建立良好依恋关系的关键期，以后即便和孩子也建立了依恋关系，但这种依恋关系往往不是真正的依恋关系，而且很有可能是一种不安全型的依恋。这种不安全型的依恋关系，在孩子小的时候并没有什么明显的表现，大多会在青春期集中爆发，亲子关系紧张，冲突不断，之所以这样，孩子的理由是小的时候你们没有照顾我，现在你们就没有管我的权力，带有明显的报复心理。因此，出于婴儿良好依恋关系的建立，一定要坚持父母亲自抚养，这一点上没有什么理由可以讲。

提高母亲养育质量。虽然抚育婴儿应该是父母双方的责任，但在实际生活中，抚育婴儿的任务往往是落在母亲的头上，母亲在抚育婴儿的责任上分担的更多，付出的更多，似乎每种文化都具有这一特点，而母亲们对此也未有什么抱怨，似乎事情本来就应该如此。母亲们不去抱怨，甘愿承担起抚育婴儿的重任是值得肯定的，但并不是所有的母亲都能很好地完成此重任，这同母亲的养育质量有很大的关系。衡量母亲养育质量的标准就是母亲的敏感性和反应性，敏感性是指母亲对孩子需求信号的敏锐觉察，反应性是指母亲根据孩子所发出的需求信号恰当、及时、一致地予以满足，这里面既包括对孩子生理需要的敏感性和反应性，也包括对孩子心理需要的敏感性和反应性。母亲的敏感性高，反应快，就代表了一种高质量的养育；母亲的敏感性低，反应慢，就代表了一种低质量的养育。养育质量的高低直接影响到婴儿建立起来的是安全型的依恋还是不安全型的依恋。实际生活中，那些对孩子充满期待和爱，喜欢和孩子在一起，并愿意为孩子付出一切的母亲，时刻关注孩子的一举一动，对孩子的任何变化都能敏锐地觉察到，并及时采取措施去应对，这样不管孩子在生理或是心理方面有什么需求，都能得到及时的满足，使孩子始终都生活在一种安全温暖的氛围中，从而能够与母亲积极地互动，建立起良好的依恋关系。对于有些母亲出于某种原因，缺少对孩子的期待和爱，不喜欢和孩子在一起，不愿意为孩子付出一切，很少关注孩子的变化，对于孩子的抚养完全是一种例行公事，而且总是伴随着消极的、拒绝的情绪和行为，致使孩子的生理和心理需求不能及时得到满足，使孩子始终都生活在一种不安全冷冰冰的氛围中，和母亲没有积极的互动，从而建立起不安全型的依恋关系。因此，要想帮助婴儿建立安全型的依恋关系，提高母亲的养育质量是非常重要的环节，对于母亲来说，既然选择了生他，就要负起责任养他。

发挥父亲角色作用。在婴儿依恋关系的建立过程中，人们似乎只关注了母亲的作用，而忽视了父亲的作用，在他们看来，婴儿只会依恋母亲，不会依恋父亲，因为父亲不会像母亲那样对婴儿照顾得面面俱到，甚至有很多父亲根本不去照顾婴儿，彼此之间根本没有互动，又何谈依恋关系的建立。实际上我们所看到的只是表面现象，在很多家庭里，对于婴儿的抚养是父母共同完成的，尽管在此过程中父亲做的没有母亲多，但绝不等于一点也没有参与。新近的研究表明，父亲作用的发挥对于婴儿依恋关系的建立同样具有重要的作用，甚至在某些方面是父亲所独有的，因此注意发挥父亲在婴儿依恋关系建立中的作用，逐渐被达成共识并被人们所接受。父亲与孩子的互动方式明显不同于母亲，父亲不像母亲那样可以直接满足婴儿的生理需要，也不能像母亲那样给以孩子轻柔的呵护和抚摸，以满足孩子的心理需求，父亲和孩子的互动往往比较激烈，比如将孩子高高抛起然后接住，或是故意弄哭孩子然后再进行安抚，经常和孩子做鬼脸、嬉戏、打闹，通过这些活动，会使孩子感觉非常有趣，使他们感觉到快乐，因此孩子们也非常愿意和父亲一起活动，这就是一种情感上的联结。同时父亲不像母亲那样多愁善感，情绪多变，而总是乐呵呵的，母亲不敢做的事情，父亲敢做，母亲害怕的时候，父亲不害怕，父亲身上的这些特点都会对婴儿产生影响，婴儿从对父亲的模仿慢慢就会发展起对父亲人格品质的依恋，从而和父亲建立起有别于母亲的依恋关系。因此，对于婴儿依恋关系的建立，注意发挥父亲角色的作用是至关重要的，不论是男孩还是女孩同样如此。

抚养拟合婴儿特点。 每一个婴儿都是带着独有的特征降生到人世间的，包括他们的外貌特征、身体健康状况、气质特征等，这些特征对于婴儿与抚育者依恋关系的建立必然会产生影响。比如外貌特征招人喜爱的婴儿就会赢得抚育者的喜欢，抚育者更愿意和其亲近，彼此间有更多的互动，因此对于婴儿各方面的需求能及时发觉并给予满足，从而使婴儿感觉安全，也更愿意与抚育者待在一起，从而建立起安全型的依恋关系，相反，外貌特征不是那么招人喜爱的婴儿可能就没有那么幸运，受此影响建立起来的可能就是不安全型的依恋关系。对于那些一出生就具有某种疾病的婴儿，由于疾病的影响，他们在各方面的表现不如正常婴儿，因此会在很大程度上造成抚育者养育效能的低效，因此需要抚育者付出更多的努力和照料，否则就会使婴儿形成不安全型依恋。以上这些因素虽然有所存在，但不具有普遍性，对依恋关系建立影响较多的婴儿特征是婴儿的气质特征。每个婴儿的气质特征都不同，对依恋关系建立影响较大的是困难型气质，这种气质类型的婴儿由于生活规律性差、情绪不良、活动较多、不易安抚，因此对于抚育者的照料是一种极大的考验。如果抚育者不能了解困难型气质婴儿的表现，而受其表现的影响，势必会严重影响抚育者的养育态度，从而降低养育质量，这样就会使婴儿与抚育者处于一种不良的关系当中，婴儿感觉不到安全和温暖，进而建立起来的就是不安全型依恋。对于困难型气质的婴儿并非就不能建立安全型依恋，关键在于抚育者的养育行为，很多研究已经证实，只要抚育者提高自己的养育质量，对婴儿多付出一些耐心和细心，困难型气质的婴儿同样可以建立起安全型的依恋。可见，婴儿建立什么类型的依恋，关键不在婴儿，而在抚育者，所以作为抚育者学会让自己的抚育行为适合婴儿的特点，对于婴儿良好依恋关系的建立是非常重要的，我们应该知道，我们选择不了会有什么样的婴儿，但我们可以选择如何对待什么样的婴儿。

参考文献

［1］王金玲，祝雅珍.0－3岁婴幼儿保育与教育［M］.北京：化学工业出版社，2015.

［2］钱文.0－3岁儿童社会性发展与教育［M］.上海：华东师范大学出版社，2014.

［3］袁萍，祝泽舟.0－3岁婴幼儿语言发展与教育［M］.上海：复旦大学出版社，2011.

［4］王颖蕙.0－3岁儿童玩具与游戏［M］.上海：复旦大学出版社，2014.

［5］冯夏婷.透视0－3岁婴幼儿心理世界［M］.北京：中国轻工业出版社，2016.

［6］孔宝刚，盘海鹰.0－3岁婴幼儿的保育与教育［M］.上海：复旦大学出版社，2012.

［7］郑玉巧.郑玉巧育儿经·婴儿卷［M］.南昌：二十一世纪出版社，2013.

[8] 鲍秀兰，等.0－3岁儿童最佳的人生开端——中国宝宝早期教育和潜能开发指南［M］.北京：中国妇女出版社，2013.

[9] 张明红.0－3岁儿童语言发展与教育［M］.上海：华东师范大学出版社，2013.

[10] 刘学纯.给宝宝的第一本心理健康书［M］.哈尔滨：黑龙江科学技术出版社，2011.

[11] 怀特.从出生到3岁［M］.宋苗，译.北京：北京联合出版公司，2016.

[12] 贝克.儿童发展［M］.5版.吴颖，等，译.南京：江苏教育出版社，2012.

[13] 边玉芳，等.儿童心理学［M］.杭州：浙江教育出版社，2012.

[14] 费尔德曼.发展心理学——人的毕生发展［M］.6版.苏彦捷，等，译.北京：世界图书出版公司，2013.

[15] 韩棣华.0－3岁婴幼儿心理与优教［M］.上海：上海科学普及出版社，2009.

[16] 林崇德.发展心理学［M］.杭州：浙江教育出版社，2002.

[17] 桑标.儿童发展心理学［M］.北京：高等教育出版社，2009.

[18] 耿希峰.通俗心理学［M］.北京：九州出版社，2015.

[19] 吕云飞，等.婴幼儿心理发展与教育［M］.开封：河南大学出版社，2010.

[20] 皮亚杰.英海尔德.儿童心理学［M］.吴福元，译.北京：

商务印书馆，1980.

[21] 桑特洛克. 儿童发展 [M] .11 版. 桑标，等，译. 上海：上海人民出版社，2009.

[22] 孟昭兰. 婴儿心理学 [M] . 北京：北京大学出版社，1997.

[23] 勒弗朗索瓦. 孩子们：儿童心理发展 [M] .9 版. 王全志，等，译. 北京：北京大学出版社，2004.

[24] 弗拉维尔，等. 孩子们：认知发展 [M] .4 版. 邓赐平，译. 上海：华东师范大学出版社，2002.

[25] 谢弗. 社会性与人格发展 [M] .5 版. 陈会昌，等，译. 北京：人民邮电出版社，2012.